Python 程序设计及实践教程

主　编　肖朝晖

副主编　刘　畅　孟小丰　杨　川

中国水利水电出版社

www.waterpub.com.cn

·北京·

内 容 提 要

本书共 9 章，内容主要包括 Python 的基本语法知识、程序设计结构、列表、字典、函数、文件和异常等，实践项目则通过实践目的、实践准备、实践内容帮助初学者准确快速地掌握 Python 的语法知识和结构。本书结构合理，概念清晰，内容循序渐进，取材得当。本书紧紧围绕 Python 语言知识点和全国计算机等级考试二级 Python 语言程序设计考试大纲编写。

本书是面向高等院校 Python 程序设计类课程的本科生教学实践用书，可作为高职高专学生及初学者的学习用书，也可作为全国计算机等级考试用书。

本书配有电子课件、程序参考代码，读者可以从中国水利水电出版社网站（www.waterpub.com.cn）或万水书苑网站（www.wsbookshow.com）免费下载。

图书在版编目（CIP）数据

Python程序设计及实践教程 / 肖朝晖主编. -- 北京：中国水利水电出版社，2024. 8. -- ISBN 978-7-5226 -2609-3

Ⅰ. TP311.561

中国国家版本馆CIP数据核字第2024M71A98号

策划编辑：寇文杰　　责任编辑：张玉玲　　加工编辑：刘瑜　　封面设计：苏敏

书　　名	Python 程序设计及实践教程 Python CHENGXU SHEJI JI SHIJIAN JIAOCHENG	
作　　者	主　编　肖朝晖 副主编　刘　畅　孟小丰　杨　川	
出版发行	中国水利水电出版社 （北京市海淀区玉渊潭南路 1 号 D 座　100038） 网址：www.waterpub.com.cn E-mail：mchannel@263.net（万水） 　　　　sales@mwr.gov.cn 电话：（010）68545888（营销中心）、82562819（万水）	
经　　售	北京科水图书销售有限公司 电话：（010）68545874、63202643 全国各地新华书店和相关出版物销售网点	
排　　版	北京万水电子信息有限公司	
印　　刷	三河市鑫金马印装有限公司	
规　　格	184mm×260mm　16 开本　14.25 印张　365 千字	
版　　次	2024 年 8 月第 1 版　2024 年 8 月第 1 次印刷	
印　　数	0001—1500 册	
定　　价	43.00 元	

前　言

随着信息技术的发展和大数据、人工智能的流行，Python 编程语言变得比以往更加流行。在最新的 TIOBE 编程语言排行榜上，Python 已经上升到第 1 位，超越 Java、C、C++。Python 是一种面向对象、解释型、弱类型的脚本语言，也是一种功能强大而完善的通用型语言。相比其他编程语言（比如 Java），Python 语言的代码非常简单，上手非常容易。比如要完成某个功能，如果用 Java 需要编写 100 行代码，而用 Python 可能只需要编写 20 行代码。

同时 Python 具有脚本语言中丰富和强大的类库（这些类库被形象地称为"Batteries Included，内置电池"），这些类库覆盖了文件 I/O、GUI、网络编程、数据库访问、文本操作等绝大部分应用场景。

因此 Python 近几年在高校教学语言中得到广泛应用，成为重要的计算机语言通识课程。但是由于目前市场上 Python 教材的专业性较强，缺少一本融合实践并针对大一新生，特别是针对非计算机专业学生使用的通识教材。本教材就是基于此原因，并结合一线资深教师多年教学经验编写的。

全书共分 9 章，内容主要包括 Python 的基本语法知识、程序设计结构、列表、字典、函数、文件和异常等。第 1 章为 Python 概述、第 2 章为 Python 编程基础、第 3 章为程序结构、第 4 章为序列数据结构——列表与元组、第 5 章为序列数据结构——字典与集合、第 6 章为函数、第 7 章为文件、第 8 章为 time 模块、第 9 章 turtle 库与 PIL 库。实践项目则通过实践目的、实践准备、实践内容帮助初学者准确快速地掌握 Python 的语法知识和结构。

本书主要服务于一线教学，适合作为本科教材，也可作为高职高专教材。本书结构合理，概念清晰，内容循序渐进，取材得当。本书紧紧围绕 Python 语言知识点，难易结合，主要针对 Python 程序设计初学者，同时围绕全国计算机等级考试二级 Python 语言程序设计考试大纲编写。

本书由肖朝晖任主编，由刘畅、孟小丰、杨川任副主编。本书虽经反复修改，但限于作者水平，不当之处在所难免，谨请广大读者指正。联系方式：1150272715@qq.com

编　者
2024 年 4 月

目　录

第 1 章　Python　概　述

Python 是一种跨平台、开源、免费、解释型的高级编程语言。Python 的应用领域非常广泛，如 Web 编程、图形处理、大数据处理、网络爬虫和科学计算等，Python 都可以实现。本章主要讲解 Python 的发展历程及其与其他程序设计语言的区别，要求读者重点掌握 Python 编程开发环境的安装。

1.1　Python 的 简 介

1. 程序的概念

计算机程序就是存储在计算机内的指令序列，通常是由某种程序设计语言所编写的，可以让计算机执行一系列动作完成相应的任务。

计算机软件则是指为实现某些功能而编写的一个或多个计算机程序及其文档的集合。

计算机能够完成数据计算，是因为它能够把各种指令和数据转换成电信号，并由物理元器件完成相应的信号处理。这些能够被计算机执行的特定指令，在计算机内部被表示成二进制代码形式，被称为**机器语言**。虽然用机器语言编写的程序执行效率最高，但是这样的程序代码由纯粹的 0 和 1 构成，人们不方便阅读和修改，也容易出错。

早期的程序员很快就发现了机器语言使用上的不便，它们难于辨别和记忆，阻碍了行业的发展，于是**汇编语言**诞生了。汇编语言为机器指令设定了助记符，这样就方便了人们理解和记忆，提高了工作效率。但是采用汇编语言设计程序，仍然要求程序员对计算机的各种底层硬件设备有足够的了解，学习成本依然很高。同时，汇编语言是一种面向机器的低级语言，通常是为特定计算机或系列计算机专门设计的。

机器语言和汇编语言都被称为**低级语言**，目前除了极少数跟硬件打交道的程序设计者仍在使用，绝大多数程序设计者都使用比较容易理解、学习的**高级程序设计语言**来编写程序。

高级程序设计语言容易学习、修改及移植，但是计算机无法直接执行用高级程序设计语言编写的程序，必须由特定的程序翻译为机器语言后才可以执行，这个翻译过程通常被称为**编译**或者**解释**。

下面分别用高级程序设计语言、汇编语言、机器语言编写一个"1+1"的程序代码，比较一下三者之间的不同，如表 1-1 所示。

表 1-1　语言对比

高级程序设计语言	汇编语言	机器语言
ax=1+1	MOV AX,1 ADD AX,1	10111000 00000001 00000000 00000101 00000001 00000000

2. 编写程序的方法

编写程序就是选择一门编程语言并学习该语言的相关知识，熟悉各种指令的功能和使用方法后，通过编写、组合各种指令实现想要的功能。

计算机程序由各种指令组成，如果一个程序具备了解决某个问题的功能，实际上所体现的是程序设计者对于该问题的分析和解决思路。

例如，需要设计一个计算圆面积的程序，对于如何求圆面积通常会做如下分析：

想要求出圆面积，首先需要知道圆的半径；知道半径以后，根据圆面积的计算公式可以计算出面积；求出面积后，根据要求输出结果。

这个问题比较简单，所以分析问题和设计解决方案的过程也较简单，把这个解决思路落实到具体程序代码上，就得出了求解圆面积的实际程序，如表 1-2 所示。

表 1-2　求解圆面积的实际程序

程序	含义
r = eval(input())	用户使用键盘输入一个数值作为圆的半径存放到 r 中
area = 3.14*r *r	根据圆面积计算公式计算出圆面积，存放到 area 中
print(area)	输出圆面积数据（area）到显示器

由此可见，程序代码只是程序设计者对于某个问题的解决方案的计算机实现，而问题分析和解决思路必须在编写代码之前确定。

熟练掌握一门编程语言的语法及编程技巧固然重要，但是对于问题的分析和解决方案的设计也同样重要，特别是把一些实际问题转换为计算机能解决的问题，这种能力就是"计算思维"能力。

比如下面这个问题。

警察抓了 A、B、C、D 四个偷窃嫌疑犯，其中只有一个人是真正的小偷，审问记录如下：

A 说："我不是小偷。"

B 说："C 是小偷。"

C 说："小偷肯定是 D。"

D 说："C 在冤枉人。"

已知四个人中有三个人说的是真话，一个人说的是假话。请问谁是小偷？

要解决这个问题，最简单的方法就是依次假设、逐个验证。先假设 A 是小偷，代入审问记录，验证在这个假设下四个人说的话中是否有三句是真话、一句是假话。如果该假设不成立，可以继续假设 B 是小偷，同样代入审问记录并验证。以此类推，直到找到一种假设能使得审问记录中三个人说的是真话、一个人说的是假话的情况成立。

这个解决问题的过程如何用程序语言加以描述并通过程序运行得到答案呢？这里就需要解决以下几个问题：

如何表示 A、B、C、D 四个嫌疑犯？

如何表示"假设 A 是小偷"？

如何表示审问记录中四个嫌疑人说的话？

如何表示"三句是真话，一句是假话"？

如何实现"依次假设"的过程？

3．Python 的发展及现状

Python 的创始人是吉多·范罗苏姆（Guido van Rossum）。他出生于荷兰哈勒姆，是一名计算机程序员，后来成为 Python 程序设计语言的最初设计者及主要架构师。

1989 年的圣诞节期间，在阿姆斯特丹，吉多决心开发一个新的脚本解释程序作为 ABC 语言（一种教学编程语言）的继承。之所以选中"Python（蟒蛇）"作为该程序设计语言的名字，是因为他是英国喜剧团体 Monty Python 的粉丝。ABC 是一种专门为非专业程序员设计的编程语言，风格优美且功能强大，但是因为一些不足而没有取得成功。吉多决心避开 ABC 语言的不足，并吸取 ABC 语言及其他一些语言的优点，重新设计一种功能全面、易学易用、可扩展的编程语言，于是 Python 诞生了。

1991 年，第一个 Python 解释器诞生。

2000 年，Python 2.0 发布。

2008 年，Python 3.0 发布。

2018 年 6 月，Python 发布 3.7 版本。

吉多·范罗苏姆有一句名言：Life is short, you need Python.（人生苦短，你需要 Python。）Python 的设计哲学是"优雅""明确""简单"，它易于学习、功能强大，这使得使用者可以更清晰地进行编程，而不至于陷入细节，从而省去了很多重复工作。

当前，世界上许多著名的科技公司都认识到了 Python 的优势，国外的 Google、YouTube、Facebook，以及国内的阿里巴巴、百度、腾讯、网易、新浪、豆瓣等都在大规模使用 Python 设计开发程序。

1.2　Python 的 特 点

本节将介绍 Python 的特性，包括优点和不足之处，以及它目前的主要应用领域。

1．Python 的优点

Python 之所以应用如此广泛，为广大开发者所追捧，是因为它具备了很多优点。

（1）学习难度低。Python 的语法较为简单，容易学习、理解，同时网络上的学习资源也很丰富。

（2）开发效率高。Python 能够让使用者以更少的代码、更短的时间完成学习或工作。相对于 C++、Java 等编译/静态类型语言，Python 的开发效率提升了若干倍，也就是说代码量只是其他编程语言的若干分之一，这让使用者省时、省力、省心。

（3）资源丰富。Python 的标准库功能强大，加上在不同应用领域有着众多开源的第三方程序库，使用者可以直接使用，无须从头设计，这给使用者提供了诸多便利。

（4）可移植性好。Python 是一门脚本语言，它不需要编译，它的执行只与解释器有关，与操作系统无关，同样的代码无须改动就可以移植到不同的操作系统上运行。

（5）扩展性好。通过各类接口或函数库可以方便地在 Python 程序中调用使用其他编程语言编写的代码，将它们集成在一起来完成某项工作。这也是 Python 被称为"胶水语言"的原因。

2．Python 的不足

没有一种编程语言是完美无缺的，Python 也不例外。Python 最受人们诟病的是执行效率不够高，在程序的执行性能上，Python 的表现不如 C、Java 这样的静态语言。

很多人熟知木桶原理：一个木桶能装多少水，取决于它最短的那块木板，所以大多数人都想着去思考和补齐自己的短板。然而换一个角度来看，Python 的设计理念和流行恰恰体现了反木桶理论。

自诞生以来，Python 一直以"优雅""明确""简单"为设计哲学，开发效率惊人。Python 有着众多"长板"，并且把这些"长板"做到了极致。而它的"短板"也丝毫没有影响它的流行，广大用户一方面尽可能地弥补它的不足，另一方面竭尽全力地加强它的优势。例如，有用户觉得 Python 性能低，于是提高 Python 性能的解释器工具被开发出来了；为了配合科学计算、大数据分析，SciPy、Pandas 库诞生了；当机器学习成为热门研究方向时，机器学习库被开发出来了。对于这些库，Python 可以随意调用，甚至比开发这些库的原生语言调用还方便。所以，围绕 Python 构建出来的生态圈逐渐让其他编程语言望尘莫及。这也正是 Python 被预言将成为人工智能（Artificial Intelligence，AI）时代第一语言的原因。

3. Python 的主要应用领域

（1）常规软件系统的开发。Python 支持函数式编程和面向对象编程（Object Oriented Programming，OOP），能够承担各类软件的开发工作，因此常规的软件开发、脚本编写、网络编程等都可以通过 Python 实现。

Web 开发是众多编程语言最常见的应用方向。为此，Python 提供了很多优秀的开发框架以便开发者使用，如常见的 Django、Tornado、Flask 等。其中的"Python + Django"架构，应用范围非常广，学习门槛也很低，能够快速地搭建起可用的 Web 服务器。

信息系统自动化运行与维护可以说是 Python 应用的"自留地"。从以前的几台服务器发展到现在庞大的数据中心，单纯依靠人工已经无法满足现代化信息系统对技术、业务、管理等方面的要求。现代化信息系统安全稳定地运行，不仅需要高配置的硬件设施，更需要全面的软件维护。

（2）科学计算。在科学计算领域，MATLAB 一直具备高效的性能和良好的口碑。但是，商业软件高昂的售价让人望而却步。

Python 则是完全免费的，MATLAB 的大部分常用功能都可以在 Python 中找到相应的扩展库。随着 Numpy、SciPy、Matplotlib、Pandas 等众多扩展库的完善，Python 越来越适用于做科学计算，绘制高质量的 2D 和 3D 图形。更为重要的是，与 MATLAB 相比，Python 是一门真正的通用程序设计语言，能够让用户编写出更易读、易维护的代码。

（3）网络爬虫。网络爬虫也称网络蜘蛛（Web Spider），是大数据行业获取数据的核心工具。在网络爬虫领域，Python 几乎处于霸主地位，它将一切网络公开数据看成免费资源，通过自动化程序进行有针对性的数据采集及处理。如果没有网络爬虫自动地、不分昼夜地、高性能地在互联网上爬取免费的数据，那么获取数据的成本将会大大增加。能够编写出网络爬虫程序的编程语言有不少，但 Python 是绝对的主力，其中的 Scrapy 爬虫框架应用非常广泛。

（4）数据分析与处理。数据分析是在获取大量数据以后，对数据内容与数据格式进行清洗、规范、转换和分析，以及各种可视化的展现。Python 是数据分析的主流编程语言之一，在诸多科学计算库、文本处理库、图形视频分析库等扩展库的支持下，可以实现对吉字节（GB）甚至太字节（TB）规模的海量数据进行处理。

（5）人工智能。人工智能作为当前最热门的领域，众多国内外企业、科研学术机构纷纷投身于此，从大型企业到中小型创业公司，都期望能在人工智能技术飞速发展的潮流中"分一杯羹"。

Python 在人工智能领域诞生了很多优秀的机器学习库、自然语言库和文本处理库等，为人工智能在各个方向上的应用提供了极大的便利。如今人工智能的风潮促进了 Python 的流行，同时 Python 也降低了人工智能应用学习的门槛。

除以上列出的应用领域之外，Python 在云计算、游戏开发等领域也有着优异的表现。

1.3　开发环境的安装

在学习 Python 之前，需要学习如何安装、配置一个简单的 Python 编程开发环境。

1. 开发环境的安装

Python 作为一种高级编程语言，计算机是无法直接运行的，必须由解释器将其翻译成机器语言之后才能够由计算机执行。解释器可以从 Python 的官方网站上下载。

如图 1-1 所示，可以下载不同版本的 Python 解释器安装程序用于不同的操作系统，如 Windows、Linux、UNIX、Mac OS 等。

图 1-1　Python 官网的下载页面

下载完成后，运行安装程序，在图 1-2 所示的对话框中选择 Add Python 3.7 to PATH 复选框。

图 1-2　Python 安装示意图

第一个安装选项 Install Now 为默认安装，由安装程序自动选择安装组件和安装路径。

第二个安装选项 Customize installation 为定制化安装，可以由用户来选择安装哪些组件及安装路径。

安装完成后，用户的计算机中将会安装与 Python 程序编写和运行相关的若干程序，包括将会用到的 Python 命令行和 Python 集成开发环境（Python's Integrated Development Environment，IDLE）。

2．Python 的运行方式

Python 集成开发环境中，有两种常用的方式来运行 Python 编写的代码：交互式和文件式。下面以 Windows 操作系统下的 Python 3.7 为例进行介绍。

（1）交互式。首先，在 Windows 操作系统的"开始"菜单中找到"Python 3.7"菜单目录并展开（见图 1-3），然后选择 IDLE（Python 3.7 32-bit）选项，就可以启动 IDLE。

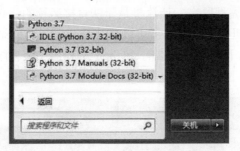

图 1-3 "开始"菜单中的 Python 3.7 选项

在图 1-4 所示的 IDLE 中，第一行是 Python 解释器程序的版本信息，下面一行是一个提示符"＞＞＞"。在提示符"＞＞＞"后尝试输入下列代码，查看能否成功运行。

```
print("Hello, World")
```

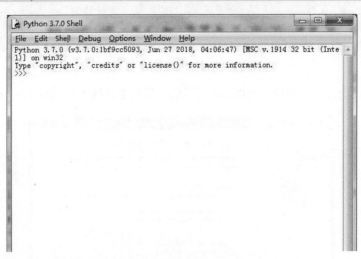

图 1-4 Python 交互式环境

输入完毕按下 Enter 键，将会出现图 1-5 所示的输出。

解释器执行了一条 Python 代码指令"print("Hello，World")"，并输出了字符串，然后再次显示提示符。

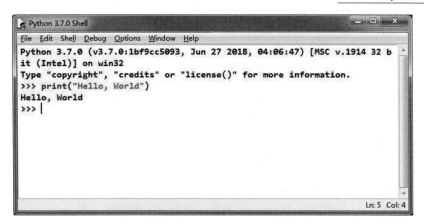

图 1-5　输出 "Hello, World"

（2）文件式。当要编写一个较为复杂的程序时，会包含很多行代码，而交互式不方便书写和调试，这时可以采用文件式来编写代码、运行程序。

文件式是指新建一个扩展名为.py 的文件，将程序的所有代码都写在这个文件里，然后由解释器统一运行。

1）在 IDLE 菜单栏中打开 File 菜单，选择其中的 New File 选项（见图 1-6），将会创建一个图 1-7 所示的文本编辑窗口，输入图示代码，执行 File→Save As 命令将代码保存为一个文件，并命名为 file1.py，这就创建了一个 Python 的脚本文件。

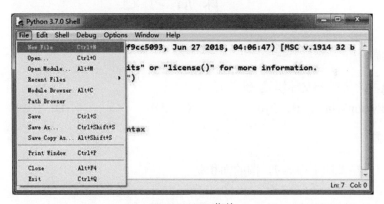

图 1-6　File 菜单

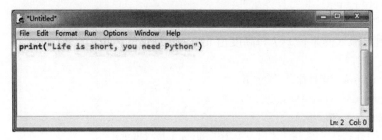

图 1-7　文本编辑窗口

2）执行图 1-8 所示的 Run→Run Module 命令（或直接按 F5 键），就会运行这个文件中的所有代码。

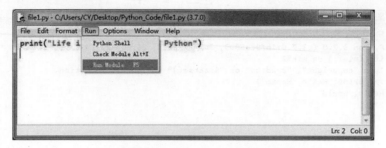

图 1-8　执行运行代码命令

交互式和文件式两种方式本质上相同，都是由 Python 解释器逐行将 Python 代码翻译为机器语言后由计算机执行。在学习 Python 语法时，有时为了能即时了解一些指令的用法，可选用交互式方式；而在编写较长或较为复杂的程序时，则优先考虑采用文件式方式编写、调试及运行代码。

本 章 小 结

本章首先介绍了程序的概念、编写程序的方法以及 Python 语言发展及现状，接着重点介绍 Python 的优缺点和主要应用领域，最后介绍了 Python 开发环境的安装和 Python 的运行方式。

课 后 习 题

一、单选题

Python 内置的集成开发环境是（　　）。

　　A．PythonWin　　　B．Pydev　　　　　C．IDE　　　　　　　　D．IDLE

二、填空题

1．根据用户输入的半径 r=7，圆的面积是_____。

```
import math
r = eval(input("请输入圆的半径: "))
area = math.pi * r * r
print("圆面积为:", area)
```

2．根据用户输入的半径 r=7 和高度值 h=9，圆柱体的体积是_____。

```
import math
r = eval(input("请输入圆柱体的半径: "))
h = eval(input("请输入圆柱体的高度: "))
volume = math.pi * r * r * h
print("半径为{}高为{}的圆柱体积为:{:.2f}".format(r, h, volume))
```

二、编程题

1．绘制一个内嵌正三角形的圆，如图 1-9 所示。

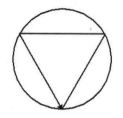

图 1-9　内嵌正三角形的圆

【参考代码】

```
import turtle as t
import math

t.pensize(2)        #设置画笔宽度
t.right(90)         #画笔方向向右旋转 90°，从向右转为向下
t.penup()           #抬起画笔，下移时不绘制线条
t.forward(200)      #画笔下移 200 像素
t.pendown()         #放下画笔，准备绘制线条
t.left(90)          #画笔方向向左旋转 90°，从向下转为向右

#绘制圆形
r = 200
t.circle(r)

#绘制内嵌正三角形
len = r * math.sqrt(3)
t.left(60)
t.forward(len)
t.left(120)

t.forward(len)
t.left(120)
t.forward(len)
```

2. 绘制具有多个公共交点的圆，如图 1-10 所示。

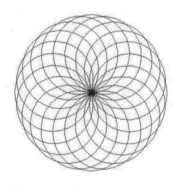

图 1-10　具有多个公共交点的圆

【参考代码】

```
import turtle as t
t.color("red")
t.speed("fast")
for x in range(20):
    t.shape("turtle")
    t.circle(100, 360)
    t.left(18)
```

第 2 章 Python 编程基础

本章主要讲解 Python 的编程格式和风格，读者需学习语法基础知识，为后续章节编写复杂代码做好准备。

2.1 书 写 规 则

下面通过一个简单的例子来讲解 Python 的书写规则。

【例 2-1】由用户任意输入两个整数，求这两个数的和及平均值。

【分析】计算机可以按照输入的指令来工作，把指令按照一定顺序写在一起，计算机就会按顺序执行。在 Python 中，指令就是编写的代码，因此，不仅要考虑代码的内容，也要考虑代码的执行顺序。可以将例 2-1 的流程表示为：

第 1 步：获取数据。

第 2 步：计算和与平均值。

第 3 步：输出结果。

接着进一步细化上面的步骤：

第 1 步：获取数据→从键盘输入两个整数 m 和 n。

第 2 步：计算和与平均值→s = m + n, avg = (m + n)/ 2。

第 3 步：输出结果→输出 s 和 avg。

【参考代码】

输入两个整数，求这两个数的和及平均值。

```
m = eval(input('输入第一个数'))
n = eval(input('输入第二个数'))

sum = m+n
avg = (m+n)/2

print("sum",sum)
print("means",avg)
```

运行结果如图 2-1 所示。

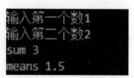

图 2-1　运行结果

【说明】Python 的书写规则主要有以下 5 点。

（1）使用换行符分隔，一般情况下，一行书写一条语句。

（2）从第一列开始书写，前面不能有任何空格，否则会产生语法错误。

（3）以"#"开始的语句是注释语句，可以从任意位置开始书写，Python 的解释器会忽略所有的注释语句，因此它不会被计算机执行。一般可以将程序的解释和说明等信息写在注释语句中，良好的注释可以帮助人们更好地阅读和理解程序。

（4）在 Python 中所有的语法符号，如冒号"："、单引号"'"、双引号"""和小括号"()"等，都必须在英文输入法下输入，字符串中的符号除外。

（5）在 Python 中，代码的缩进非常重要。缩进是体现代码逻辑关系的重要方式，所以在使用选择结构和循环结构，或是编写函数的时候，务必注意代码的缩进。

2.2　标识符及命名规则

下面介绍 Python 的标识符及其命名规则。

2.2.1　标识符

Python 中标识符的构成同其他程序设计语言一样：每个标识符必须以字母或下划线"_"开头，后跟字母、数字或下划线的任意序列。

根据这个规则，以下都是 Python 中的合法名称：x、num、num_1、numEggs、python123，而 2x、a–b、num-Eggs 都是不合法名称。

在 Python 中，标识符区分大小写，因此 num、Num 和 NUM 是完全不同的三个标识签。

一般来说，程序员在命令时可以自由地选择符合这些规则的任何名称，但是建议最好选择能描述命名对象的名称，做到见文知义，增强程序的可读性。

"驼峰式"命名法就是当变量名或函数名是由一个或多个单词联结在一起时，第一个单词以小写字母开始，第二个单词及其以后每个单词的首字母都采用大写字母，如 myFirstName、myLastName。因为按这种命名方式命名的变量名或函数名看上去就像骆驼峰一样高低起伏，故得名。

dog、_fish 虽然也是合法的标识符，但是由一个下划线或两个下划线开头的标识符对 Python 的解释器来说是有特殊意义的，它们是内建标识符使用的符号，一般与类的相关特性有关，有的是类属性，有的是类的私有成员，有的是类的构造函数等。所以在给变量或者函数等命名时应尽量避免使用这种形式的标识符。

2.2.2　关键字

有一些标识符是 Python 本身的一部分，这些特殊的标识符被称为"关键字"或者是"保留字"，它们不能像普通标识符那样使用。Python 完整的关键字列表可以在 IDLE 中输入以下代码查看：

```
>>>import keyword
>>>print(keyword.kwlist)
['False', 'None', 'True', 'and', 'as', 'assert', 'break', 'class', 'continue', 'def', 'del', 'elif', 'else', 'except', 'finally', 'for', 'from', 'global', 'if', 'import', 'in', 'is', 'lambda', 'nonlocal', 'not', 'or', 'pass', 'raise', 'return', 'try', 'while', 'with', 'yield']
```

2.3　变量与赋值

下面针对 Python 中的变量与赋值进行讲解。

2.3.1　Python 中的变量

Python 中的变量用来标识对象或引用对象。变量通过变量名访问，变量的命名必须遵循 2.2 节所介绍的标识符命名规则。

例 2-1 中的 m、n、sum 和 avg 都是变量，用来标识不同的数据对象。sum 表示 m 和 n 的和，avg 表示 m 和 n 的平均值。

Python 是动态类型语言，即变量不需要显式声明数据类型。根据变量的赋值，Python 的解释器会自动确定其数据类型。

【例 2-2】Python 中变量的类型。

```
>>>m = 2
>>>type(m)
<class 'int'>              #整数类型
>>>m = 2.6
>>>type(m)
<class 'float'>           #浮点类型
>>>m = "你好"
>>>type(m)
<class 'str'>             #字符串类型
>>>m = 5+4j
>>>type(m)
<class 'complex'>        #复数类型
>>>m = False
>>>type(m)
<class 'bool'>           #布尔类型
>>>m = [1,2,3,4,5]
>>>type(m)
<class 'list'>           #列表类型
```

通过内置的 type()函数，可以判断一个对象指向的数据类型。

Python 是一种强类型语言，只支持该类型允许的运算操作。

【例 2-3】变量的强类型数据示例。

```
>>>a = 100
>>>b = "30"
>>>a + b
TypeError: unsupported operand type(s) for +: 'int' and 'str'
```

a 指向整数类型对象，b 指向字符串类型对象，整数类型数据和字符串类型数据不能直接相加，即字符串类型数据不能自动转换为整数类型数据。

2.3.2　变量的赋值

变量的赋值就是用一个变量来标识某个对象，其语法格式如下：

变量　=　表达式

最简单的表达式就是赋值。例如，x = 100，即表示用变量 x 来标识一个整数对象 100，x 为这个整数对象的引用。

表达式也可以很复杂。例如，x = (100-20)/2，这时 Python 的解释器会先求表达式的值，然后返回表达式结果对象，并用变量 x 来引用该对象。

Python 中的变量在访问之前，必须先绑定某个对象，也就是先赋值，否则系统会报错。

【例 2-4】变量的赋值示例，运行结果如图 2-2 所示。

```
x = 100
print(x)

str = 'im a boy'
print(str)

print(y)            #error y 未定义
```

```
100
im a boy
Traceback (most recent call last):
  File "d:\Vscode Project\Pyprojects\py教程\U2.py", line 41, in <module>
    print(y)
NameError: name 'y' is not defined
```

图 2-2　运行结果

在例 2-4 中，x 和 str 两个变量都可以正常使用。但是当试图输出 y 的时候，系统会报错，因为变量 y 未赋值，因此不能直接使用。

2.3.3　链式赋值语句

链式赋值用于为多个变量同时赋予相同的值。

【例 2-5】链式赋值语句示例。

```
>>>x = y = z = 200
>>>print(x, y, z)
200 200 200
>>>x = x + 100
>>>y = y - 100
>>>print(x, y, z)
300 100 200
```

这里的 x = y = z = 200 等价于 x = 200、y = 200、z = 200 三条语句。

2.3.4　解包赋值语句

Python 支持将序列数据赋值给对应个数的变量。

【例 2-6】解包赋值语句示例。

```
>>>a, b = 100, 200
```

```
>>>print(a, b)
100 200
>>>a, b, c = 100, 200   #报错
```

变量的个数必须与序列的元素个数一致，否则系统会报错。

例如，在执行例 2-6 最后一行代码时系统会报错"not enough values to unpack (expected 3, got 2)"。

【例 2-7】利用解包赋值语句实现两个变量值的交换。

```
>>>a = 100
>>>b = 200
>>>print("a =", a, "b =", b)        #输出变量 a 和 b 的值
a = 100    b = 200
>>>a, b = b, a                      #交换变量 a 和 b 的值
>>>print("a =", a, " b =", b)  #输出变量 a 和 b 交换后的值
a = 200    b = 100
```

在 Python 中可以用语句"a,b = b,a"快速实现变量 a 和 b 的交换。

2.4　输入与输出函数

使用 Python 内置的输入函数 input()和输出函数 print()可以实现程序和用户之间的交互。

2.4.1　输入函数 input()

输入函数的目的是使程序从用户处获取信息，可以用变量来标识它。在 Python 中，可以使用内置的 input()函数获取用户输入的信息。如果需要将用户输入的信息用一个变量来标识，可以使用如下的语法格式：

变量 = input ("提示字符串")

input()括号内的提示字符串用于提示用户该输入什么样的数据。当 Python 程序运行 input()函数时，将在屏幕上显示"提示字符串"，然后 Python 程序将暂停并等待用户输入信息，输入结束后按 Enter 键。用户输入的任何内容都会以字符串形式存储，例 2-8 是一个简单的输入示例。

【例 2-8】input()函数输入交互示例。

```
>>>name = input("请输入您的姓名：")
>>>请输入您的姓名：Mike
>>>name
'Mike'
```

需要注意的是，这种形式的 input()函数语句只能得到文本（字符串），如果希望得到一个数字，则需要将输入的数据做转换处理，语法格式如下：

变量 = eval (input ("提示字符串"))

上述语法格式中添加了一个内置的函数 eval()，它包含了 input()函数。在这种形式中，用户输入的字符串被解析为表达式的值。例如，字符串"46"就变为数字 46，但字符串"abc"无法转变为数字，系统就会报错。

【例 2-9】使用 eval()函数获取 input()函数输入的数值类型数据。

```
m= input("请输入整数  1：")
n= input("请输入整数  2：")
print( "m 和 n 的差是：", m - n )
```

运行例 2-9 中的代码，系统报错 "unsupported operand type(s) for :'str' and 'str'"。

这是因为使用 input()函数返回的数据都是字符串类型，无法做减法运算，因此需要将字符串类型转换成数值类型后才能进行加减运算。

一种方法是在输入后立即使用 eval()函数将字符串转换为数值。

```
m= eval(input("请输入整数  1："))
n= eval(input("请输入整数  2："))
print( "m 和 n 的差是：", m - n )
```

另一种方法是在做算术运算时用 eval()函数将字符串转换为数值。

```
m= input("请输入整数  1：")
n= input("请输入整数  2：")
print ("m 和 n 的差是：", eval(m) - eval(n))
```

在本章数据类型强制转换部分还会介绍输入时利用 int()函数和 float()函数进行类型转换的情况。

2.4.2　输出函数 print()

通过前面的例子知道可以使用 Python 内置的 print()函数在屏幕上显示信息。print()函数语句以文本形式显示信息，所有提供的表达式都从左往右求值，结果值也是以从左往右的方式显示在输出行上。默认情况下，print()函数会在显示值之间放置一个空格字符，下面是 print()函数输出示例。

【例 2-10】print()函数输出示例。

```
>>>print(3+5)              #输出表达式 3+5 计算后的结果
8
>>>print(3,5)              #输出整数 3 和 5，中间默认放置一个空格
3  5
>>>print()                 #输出一个空行

>>>print("3+5 =",3+5)      #输出第一项是字符串"3+5"，第二项是表达式 3+5 的值
3+5 = 8
```

例 2-10 中的最后一个输出说明了在 print()函数中经常使用字符串作为输出信息的提示。

默认情况下，print()函数输出完所有提供的表达式值的结果之后，会自动换行，如果希望print() 函数输出完数据后不换行则可以采用例 2-11 所示的形式。

【例 2-11】print()函数中的换行控制。

```
print(3)                        #输出整数 3 后换行
print(4)                        #输出整数 4 后换行
print("the answer is ", end=" ")  #使用 end=" "，输出字符串后不换行
int(3+4)                        #在上一行继续输出 3+4 的结果
```

运行结果：

```
3
4
the answer is 7
```

2.5　数　　值

下面对 Python 中的数值数据类型及内置数值操作进行介绍。

2.5.1　数值数据类型

计算机程序存储和操作的信息通常被称为数据，不同类型的数据以不同的方式进行存储和操作。

【例 2-12】学生参加体育测试，有三个单项，分别是短跑、3 分钟跳绳和跳远。每个单项的满分均为 100 分，且单项成绩为整数，单项成绩分别以 0.4、0.3 和 0.3 的权重计入测试总评成绩。输入一名学生的三个单项成绩，计算他的体育测试总评成绩。

【分析】例题中的成绩应为数值类型，因此输入时需要使用 eval() 函数进行处理。

【参考代码】

```
run = eval(input("短跑成绩："))
rope = eval(input("3 分钟跳绳成绩："))
longJump = eval(input("跳远成绩："))
score = run * 0.4 + rope * 0.3 + longJump * 0.3
print("体育测试总评成绩：", score)
```

运行结果如图 2-3 所示：

```
>>>
=============== RESTART:
短跑成绩：90
3 分钟跳绳成绩：75
跳远成绩：86
体育测试总评成绩： 84.3
>>>
```

图 2-3　运行结果

例 2-12 的参考代码中实际上使用了两种不同的数据类型：用户输入的单项成绩为整数（90、75、86），权重值是小数（0.4、0.3、0.3）。在计算机内部，整数和小数以不同的方式存储，从存储方式上来说，这是两种不同的数据类型。

整数类型（int）是表示整数的数据类型。与其他程序设计语言有精度限制不同，Python 中的整数位数可以为任意长度（只受限于计算机内存）。

浮点数类型（float）是表示实数的数据类型。与其他程序设计语言有双精度（double）和单精度（float）相同，Python 中的浮点数类型数据的精度与系统相关。

【例 2-13】整数类型数据与浮点数类型数据示例。

```
x = 123        #x 为 int 类型
y = 12.3       #y 为 float 类型
m = 12.
n = .98
k = 12e-5      #m、n、k 都是合法的 float 类型数据，k 是以科学计数法表示的浮点数
print(m, n, k)
```

运行结果：

```
12.0    0.98    0.00012
```

2.5.2　内置的数值操作

Python 中，数据的类型决定了数据可以实现的操作。Python 中内置的数值运算操作符和函数支持对数值进行数学运算。所谓内置的数值运算操作符和函数是指不需要引用标准库或第三方函数库，而是由 Python 解释器直接提供的数值运算操作符和函数。

1. 内置的数值运算操作符

Python 内置的数值运算操作符如表 2-1 所示。

表 2-1　Python 内置的数值运算操作符

操作符	描述	实例	结果	备注
+	加法	3 + 4.5	7.5	—
-	减法	12 − 4.8	7.2	—
*	乘法	2 * 5.0	10.0	—
/	实数除法	10 / 4	2.5	—
//	整数除法	10 // 4	2	采用向下取整方式，-10 // 4 = -3
%	取余	10 % 3	1	操作数可以为实数，3.5 % 3 = 0.5
**	幂运算	2 ** 3	8	操作数可以为实数，4.0 ** 0.5 = 2.0

需要注意的是：在乘法运算中，"*"不可以省略，在书写表达式时要和数学中的写法相区别。例如，表达式 m = 4ab，必须写成 m = 4*a*b。

Python 中的除法有两种：一种是单斜杠（/），表示实数除法；另一种是双斜杠（//），表示整除，它会对除后的结果进行取整操作。

【例 2-14】商店需要找钱给顾客，现在只有 50 元、5 元和 1 元的人民币若干张。输入一个整数金额值，给出找钱的方案，假设人民币足够多，则优先使用面额大的人民币。

【参考代码】

```
money = eval(input("输入金额："))
m50 = money // 50          #计算需要的 50 元面额的人民币数量
money = money % 50         #使用 50 元面额人民币后剩下的金额
m5 = money // 5
money = money % 5
m1 = money
print("50 元面额需要的张数：", m50)
print("5 元面额需要的张数：", m5)
print("1 元面额需要的张数：", m1)
```

运行结果如图 2-4 所示。

```
输入金额：283
50 元面额需要的张数：5
5 元面额需要的张数：6
1 元面额需要的张数：3
```

图 2-4　运行结果

复合赋值运算符：表 2-1 中的所有数值运算操作符（+、-、*、/、//、%、**）都可以和赋值运算符结合在一起，形成复合赋值运算符（+=、-=、*=、/=、//=、%=、**=），复合赋值运算符中间不可有空格。若 a 和 b 为操作数，则 a += b 等价于 a = a + b；a *= b 等价于 a = a*b。以下是复合赋值运算符示例。

【例 2-15】 复合赋值运算符示例。

```
>>>a, b = 10, 20        #a = 10, b = 20
>>>a += b               #+=之间不可有空格，等价于 a = a + b，执行后 a = 30，b=20
>>>a %= 2               #等价于 a = a % 2，执行后 a = 0
>>>b **= 2              #等价于 b = b ** 2，执行后 b = 400
```

2. 内置的数值运算函数

Python 内置的数值运算函数如表 2-2 所示。

表 2-2　Python 内置的数值运算函数

函数	描述
abs(x)	求 x 的绝对值
divmod(x,y)	输出(x//y, x%y)
pow(x,y[,z])	输出(x**y)%z，[]表示可选参数，当 z 省略时，等价于 x**y
max(x₁,x₂,···,x_n)	返回 $x_1,x_2,\cdots,x_n$ 中的最大值
min(x₁,x₂,···,x_n)	返回 $x_1,x_2,\cdots,x_n$ 中的最小值
round(x[,ndigits])	对 x 进行四舍五入操作，保留 ndigits 位小数，当 ndigits 省略的时候，返回 x 四舍五入后的整数值

【例 2-16】 内置数值运算函数使用示例。

```
>>>abs(-2)
2
>>>divmod(28, 12)
(2, 4)
>>>round(3.1415, 2)
3.14
>>>pow(2, 3)          #pow()中的第三个参数省略
8
>>>max(2, 5, 0, -4)
5
>>>min(2, 5, 0, -4)
-4
```

2.5.3　使用 math 库

Python 中的数值计算标准函数库 math 提供了 4 个数学常数和 44 个函数。math 库不支持复数类型，仅支持整数和浮点数运算。math 库中的数学常数和函数不能直接使用，需要用关键字 import 引用后才可以使用。

1. math 库的引用

引用 math 库有两种方式。

方式 1：import math。

```
>>>import math
>>>print(math.pi)
3.141592653589793
```

方式 2：from math import <数学常数/函数名>。

```
>>>from math import pi
>>>print(pi)
3.141592653589793
```

在使用 math 库中的常数 pi 时，方式 1 中，常数 pi 前需要加上库名，即 "math."；方式 2 中，用关键字 import 直接引用了 math 库中的常数 pi，因此在使用常数 pi 时，前面不需要再加库名。

方式 2 还有一种写法：from math import *。如果采用这样的方式引入 math 库，则 math 库中的所有数学常数和函数都可以直接使用，前面不再需要加上 "math."。

2．math 库中的数学常数与函数

math 库中的数学常数和部分函数如表 2-3～表 2-5 所示。

表 2-3　math 库中的数学常数

常数	数学形式	描述
pi	π	圆周率，值为 3.141592653589793
e	e	自然对数，值为 2.718281828459045
inf	∞	正无穷大，负无穷大为-inf
nan	—	非浮点数标记，Not a Number

表 2-4　math 库中的部分数值函数

函数	数学形式	描述
fabs(x)	$\lvert x \rvert$	返回 x 的绝对值
fmod(x,y)	—	返回 x 除 y 的余数
fsum([x,y,⋯])	$x+y+\cdots$	浮点数精确求和
gcd(x,y)	—	返回 x 和 y 的最大公约数，x 和 y 为整数
trunc(x)	—	返回 x 的整数部分
modf(x)	—	返回 x 的小数和整数部分
floor(x)	—	向下取整，返回不大于 x 的最大整数
factorial(x)	—	返回 x 的阶乘，x 为整数

【例 2-17】math 库中数值函数使用示例。

```
>>>import math
>>>print(math.fabs(-3.2), math.fmod(21,5))
3.2 1.0
>>>print(math.fsum([0.1,0.2,0.3]))
0.6
>>>print("12 和 28 的最大公约数：", math.gcd(12,28))
```

12 和 28 的最大公约数：　4
```
>>>print(math.trunc(2.4), math.modf(2.4))
```
2(0.3999999999999999, 2.0)　　　#浮点数在计算机中不能被精确地表示
```
>>>print(math.ceil(10.5), math.floor(-10.5))
```
11　　-11
```
>>>print("5! =", math.factorial(5))
```
5! = 120

表 2-5　math 库中的部分幂对数函数与三角函数

函数	数学形式	描述
pow(x,y)	x^y	返回 x 的 y 次幂
exp(x)	e^x	返回 e 的 x 次幂，e 为自然对数的底
sqrt(x)	$\sqrt{x}$	返回 x 的平方根
log(x[,base])	$\log_{base}x$	返回 x 的对数值，只输入 x 时，返回 $\ln x$
log2(x)	$\log_2 x$	返回 x 的以 2 为底的对数值
log10(x)	$\log_{10}x$	返回 x 的以 10 为底的对数值
degrees(x)	—	x 为弧度值，返回 x 对应的角度值
radians(x)	—	x 为角度值，返回 x 对应的弧度值
hypot(x,y)	$\sqrt{x^2 + y^2}$	返回(x,y)坐标到原点$(0,0)$的距离
sin(x)	$\sin x$	返回 x 的正弦函数值，x 为弧度值
cos(x)	$\cos x$	返回 x 的余弦函数值，x 为弧度值
tan(x)	$\tan x$	返回 x 的正切函数值，x 为弧度值

【例 2-18】math 库中幂对数函数使用示例。
```
>>>print(math.pow(2.0,3), math.exp(2), math.sqrt(9.0))
```
8.0　　7.38905609893065　　　3.0
```
>>>print(math.log(100,10))
```
2.0

【例 2-19】math 库中三角函数使用示例。
```
>>>import math
>>>print(math.degrees(math.pi), math.radians(180))
```
180.0　　3.141592653589793
```
>>>print(math.hypot(1,1))
```
1.4142135623730951
```
>>>print(math.sin(math.pi/2),math.cos(math.pi/2),math.tan(math.pi/2))
```
1.0　　　　　　6.123233995736766e-17　　　1.633123935319537e+16
#因为浮点数在计算机中不能被精确地表示，因此 0.0 会表示成一个很小的数值
#这里的 6.123233995736766e-17 可以看成 0，而 1.633123935319537e+16 可以看成正无穷
```
>>>print(math.asin(1), math.acos(0), math.atan(1))
```
1.5707963267948966　　1.5707963267948966　　0.7853981633974483

2.6 字 符 串

本节将介绍如何处理字符串类型数据。

2.6.1 字符串类型数据

使用单引号或双引号括起来的内容，称为字符串类型数据（str），Python 解释器会自动创建 str 型对象实例。Python 中的字符串数据类型可以使用以下 4 种方式定义。

（1）单引号（''）。单引号中可以包含双引号。

（2）双引号（""）。双引号中可以包含单引号。

（3）三单引号（''' '''）。三单引号中可以包含单引号和双引号，可以跨行。

（4）三双引号（""" """）。三双引号中可以包含单引号和双引号，可以跨行。

【例 2-20】字符串类型数据使用示例。

```
>>>'abc'
'abc'
>>>"Hello"
'Hello'
>>>print("""Python 程序设计"
"C++程序设计""")
"Python 程序设计"
"C++程序设计"
>>>print("""'Python 程序设计'
'C++程序设计'""")
'Python 程序设计'
'C++程序设计'
>>>"中" "国"          #两个紧邻的字符串，如果中间只有空格分隔，则自动拼接为一个字符串
'中国'
```

input()函数将用户的输入作为字符串类型数据，这是获取用户输入的常用方式。

【例 2-21】字符串类型数据的输入和输出。

【参考代码】

```
name = input("姓名：")
country = input("国家：")
s = "世界那么大，" + name + "想去" + country + "看看"
#"+"实现字符串的拼接
print(s)
```

运行结果如图 2-5 所示。

```
姓名：张三
国家：俄罗斯
世界那么大，张三想去俄罗斯看看
```

图 2-5 运行结果

2.6.2　字符串的索引与切片

字符串是一个字符序列，在 Python 中可以通过索引和切片的操作来进行访问。Python 中字符串包括两种序号体系：正向递增序号和反向递减序号。如图 2-6 所示，字符串"好好学习，天天向上"由 9 个字符组成，正向递增序号从左向右编号，最左侧字符"好"的索引为 0。反向递减序号从右向左编号，最右侧字符"上"的索引值为 -1。有了索引值，就可以方便地访问字符串中的每一个字符。

正向递增序号

0	1	2	3	4	5	6	7	8
好	好	学	习	，	天	天	向	上
-9	-8	-7	-6	-5	-4	-3	-2	-1

反向递减序号

图 2-6　字符串的正向与反向索引

【例 2-22】字符串的索引访问使用示例。

```
>>>s = "Hello Mike"
>>>s[0]          #输出'H'
>>>s[-1]         #输出'e'
>>>s[8]          #输出'k'，正向序号访问'k'
>>>s[-2]         #输出'k'，反向序号访问'k'
```

Python 中字符串也提供区间访问方式，具体语法格式为：

`[头下标:尾下标]`

这种访问方式被称为"切片"。若有字符串 s，s[头下标:尾下标]表示在字符串 s 中取索引值从头下标到尾下标（不包含尾下标）的子字符串。在切片方式中，若头下标缺省，表示从字符串的第一个字符，开始取子串；若尾下标缺省，表示取到字符串的最后一个字符；若头下标和尾下标均缺省，则取整个字符串。

【例 2-23】字符串的切片访问使用示例。

```
>>>s = "Hello Mike"
>>>s[0:5]        #输出'Hello'
>>>s[6:-1]       #输出'Mik'，这里无法取到最后一个字符
>>>s[:5]         #输出'Hello'
>>>s[6:]         #输出'Mike'
>>>s[:]          #输出'Hello Mike'
```

字符串切片还可以设置取子字符串的顺序，只需要再增加一个参数即可，具体语法为：

`[头下标:尾下标:步长]`

当步长值大于 0 的时候，表示从左向右取字符；当步长值小于 0 的时候，表示从右向左取字符。步长的绝对值减 1，表示每次取字符的间隔是多少。具体操作可以参考例 2-24。

【例 2-24】字符串的复杂切片访问使用示例。

```
s = "Hello Mike"
s[0:5:1]         #结果为'Hello'，正向取
s[0:6:2]         #结果为'Hlo'，正向取，间隔一个字符取
s[0:6:-1]        #结果为空'，反向取，但是头下标小于尾下标无法反向取，因此输出为空
```

s[4:0:-1]	#结果为'olle'，反向取，索引值为 0 的字符无法取到
s[4::-1]	#结果为'olleH'，反向取，从索引值为 4 的字符依次取到开头字符
s[::-1]	#结果为'ekiM olleH'，反向取整串
s[::-3]	#结果为'eMlH'，反向取，间隔两个字符取

如果采用 s[::-1]的方式，可以很方便地求取一个字符串的逆序。

【例 2-25】输入一个在 1～12 之间的整数，输出对应的月份名称缩写。

【分析】可以利用字符串的切片操作来巧妙地解决这个问题。基本思想是将所有的月份名称缩写存储在一个字符串中。

```
months = "JanFebMarAprMayJunJulAugSepOctNovDec"
```

这样可以通过切片切出适当的子字符串来查找特定的月份，关键是应该在哪里切片呢？由于每个月的名称缩写都由 3 个字符组成，如果知道给定月份在字符串中开始的位置，就可以很容易地提取月份名称缩写。

```
monthAbbrev = months[pos:pos+3]
```

这将获得从 pos 指示位置开始的长度为 3 的子字符串。其中对 pos 的分析可以参考表 2-6。

表 2-6　月份名称缩写与切片起始位置的关系

输入的整数 m	月份名称缩写	切片的起始位置 pos
1	Jan	0
2	Feb	3
3	Mar	6
…	…	…

从表中数据可以得出切片的起始位置 pos = (m−1)*3。

【参考代码】

```
m = int(input("输入一个 0～12 间的整数："))
months = "JanFebMarAprMayJunJulAugSepOctNovDec"
pos = ( m-1)*3
print(months[pos:pos+3])
```

运行结果如图 2-7 所示。

输入一个 0～12 间的整数：3
Mar

图 2-7　运行结果

2.6.3　字符串的处理与操作

在计算机内部，每个字符都被翻译成一个数字，整个字符串作为数字序列（二进制）存储在计算机中。在计算机发展的早期，不同的设计者和制造商使用不同的编码，为了避免混乱，如今计算机系统采用统一的工业标准编码，其中一个重要的标准编码为 ASCII 编码（美国信息交换标准代码）。

ASCII 编码是针对英文字符设计的，没有覆盖其他语言存在的更广泛字符。因此，现代计算机系统正转向使用一个更大的编码标准 Unicode。

Python 提供的字符使用的就是 Unicode 编码标准。

1. 内置的字符串运算符

基本字符串运算符如表 2-7 所示。

表 2-7　基本字符串运算符

运算符	描述
+	字符串拼接，如"AB"+"123"结果为 AB123
*	字符串复制，如"Tom"*3，结果为 TomTomTom
in	判断是否为子串，如"H" in "Hello"结果为 True；"h" in "Hello"结果为 False

2. 内置的字符串处理函数

内置字符串处理函数如表 2-8 所示。

表 2-8　内置字符串处理函数

函数	描述
len(x)	返回字符串 x 的长度
str(x)	将任意类型 x 转换为字符串类型
chr(x)	返回 Unicode 编码为 x 的字符
ord(x)	返回字符 x 的 Unicode 编码值
hex(x)	将整数 x 转换为十六进制数，并返回其小写字符串形式
oct(x)	将整数 x 转换为八进制数，并返回其小写字符串形式

【例 2-26】字符串处理函数使用示例。

```
x = "好好学习，天天向上"
>>>len(x)        #结果为 9
>>>str(125)      #结果为'125'
>>>str(3+5)      #结果为'8'
>>>hex(62)       #结果为'0x3e'
>>>oct(62)       #结果为'0o76'
```

函数 chr()和函数 ord()支持在单字符和 Unicode 编码值之间互相转换，使用示例如下。

【例 2-27】函数 chr()和函数 ord()使用示例。

```
>>>print(ord('A'), ord('B'), ord('C'))
65  66  67       #大写字母 A，B，C 的 Unicode 编码分别为 65，66，67
>>>print(ord('a'), ord('b'), ord('c'))
97  98  99       #小写字母 a，b，c 的 Unicode 编码分别为 97，98，99
>>>print(ord('0'), ord('1'), ord('2'))
48  49  50       #数字字符 0，1，2 的 Unicode 编码分别为 48，49，50
>>>print(ord('/'), ord('+'), ord(' '))
47  43  32       #字符/，+，空格的 Unicode 编码分别为 47，43，32
>>>print(chr(100), chr(101))
d   e            #Unicode 编码为 100 和 101 的字符分别是 d 和 e
```

其中大写字母、小写字母和数字字符的 Unicode 编码都是顺序排列的，如'a'的编码为 97，

'b'的编码为 98，可以推算出'd'的编码为 100。

小写字母的 Unicode 编码整体大于大写字母的 Unicode 编码，大写字母的 Unicode 编码整体大于数字字符的 Unicode 编码。

3. 内置的字符串处理方法

Python 对字符串对象提供了大量的内置方法用于字符串的检测、替换和排版等操作。使用时需要注意的是，字符串对象是不可改变的，所以修改返回后的都是新字符串，并不对原字符串做任何修改。

（1）字符串查找类方法。字符串查找类方法主要有 find()、rfind()、index()、rindex() 和 count() 5 种。

1）find() 和 rfind() 方法分别用来查找一个字符串在另一个字符串指定范围（默认是整个字符串）中首次和最后一次出现的位置，如果不存在则返回-1。

【例 2-28】find() 和 rfind() 方法使用示例。

```
>>>s = "bird,fish,monkey,rabbit"
>>>s.find('fish')        #结果为 5
>>>s.find('b')           #结果为 0
>>>s.rfind('b')          #结果为 20
>>>s.find('tiger')       #指定字符串不存在时返回-1
```

2）index() 和 rindex() 方法分别用来查找一个字符串在另一个字符串指定范围（默认是整个字符串）中首次和最后一次出现的位置，如果不存在则弹出异常。

【例 2-29】index() 和 rindex() 方法使用示例。

```
>>>s = "bird,fish,monkey,rabbit"
>>>s.index('bird')       #结果为 0
>>>s.rindex('i')         #结果为 21
>>>s.index('tiger')      #指定字符串不存在时弹出异常：substring not found
```

3）count() 方法用来返回一个字符串在另一个字符串中出现的次数，如果不存在则返回 0。

【例 2-30】count() 方法使用示例。

```
>>>s = "bird,fish,monkey,rabbit"
>>>s.count('bird')       #结果为 1
>>>s.count('b')          #结果为 3
>>>s.count('tiger')      #如果指定字符串不存在则结果为 0
```

（2）字符串分隔类方法。字符串分隔类方法有 split()、rsplit()、partition() 和 rpartition() 4 种。

1）split() 和 rsplit() 方法分别用来指定字符为分隔符，从原字符串左端和右端开始将其分隔成多个字符串，并返回包含分隔结果的列表。

【例 2-31】split() 和 rsplit() 方法使用示例。

```
>>>s = "bird,fish,monkey,rabbit"
>>>s.split(',')               #按','分隔字符串
['bird', 'fish', 'monkey', 'rabbit']
>>>s = 'I am a boy'            #默认按空白符号分隔字符串，包括空格、换行符、制表符等
>>>s.split()
['I', 'am', 'a', 'boy']
>>>s.rsplit()
```

['I', 'am', 'a', 'boy']

split()和 rsplit()方法可以指定最大分隔次数，当然并不是一定要分这么多次。

【例 2-32】使用 split()和 rsplit()方法设置最大分隔次数示例。

```
>>>s = "南京  上海  天津  杭州  无锡"
>>>s.split(maxsplit=2)        #从左开始，最多分隔 2 次，分出"南京"和"上海"
['南京', '上海', '天津  杭州  无锡']
>>>s.rsplit(maxsplit=2)       #从右开始，最多分隔 2 次，分出"杭州"和"无锡"
['南京  上海  天津', '杭州', '无锡']
```

2）partition()和 rpartition()方法分别用来指定字符串为分隔符将原字符串分隔为 3 个部分，即分隔符之前的字符串、分隔符字符串和分隔符之后的字符串。

如果指定的字符串不在原字符串中，则返回原字符串和两个空字符串。

如果字符串中有多个分隔符，那么 partition()方法按从左向右遇到的第一个分隔符来进行分隔，rpartition()方法按从右向左遇到的第一个分隔符来进行分隔。

【例 2-33】partition()和 rpartition()方法使用示例。

```
>>>s = "bird,fish,monkey,fish,rabbit"
>>>s.partition('fish')         #按左端的第一个 fish 将字符串分成 3 个部分
('bird,', 'fish', ',monkey,fish,rabbit')
>>>s.rpartition('fish')        #按右端的第一个 fish 将字符串分成 3 个部分
('bird,fish,monkey,', 'fish', ',rabbit')
>>>s.partition('tiger')        #分隔符不存在，则返回原串和两个空串
('bird,fish,monkey,fish,rabbit', ',')
```

（3）join()方法用来将列表中多个字符串进行连接，并在相邻两个字符串之间插入指定字符，返回新字符串。

【例 2-34】join()方法使用示例。

```
>>>li = ['apple','banana','pear','peach']     #li 为列表类型
>>>':'.join(li)                               #用":"作为连接符
'apple:banana:pear:peach'
>>>'-'.join(li)                               #用"-"作为连接符
'apple-banana-pear-peach'
```

（4）大小写字符转换方法。大小写字符转换方法有 lower()、upper()、capitalize()、title()和 swapcase()。

lower()方法用来将字符串转换为小写字符串；upper()方法用来将字符串转换为大写字符串；capitalize()方法用来将字符串首字母变为大写字母；title()方法用来将字符串中每个单词的首字母变为大写字母；swapcase()方法用来将字符串中的字符大小写互换。

【例 2-35】lower()、upper()、capitalize()、title()、swapcase()方法使用示例。

```
>>>s = "I have two big eyes."
>>>s.lower()        #返回小写字符串，返回'i have two big eyes.'
>>>s.upper()        #返回大写字符串，返回'I HAVE TWO BIG EYES.'
>>>s.capitalize()   #首字母大写，返回'I have two big eyes.'
>>>s.title()        #每个单词首字母大写，返回'I Have Two Big Eyes.'
>>>s.swapcase()     #大小写互换，返回'i HAVE TWO BIG EYES.'
```

（5）字符串替换方法。replace()方法用来替换字符串中指定字符或子字符串，每次只能替换一个字符或子字符串，类似于 Word、记事本等文本编辑器中的查找和替换功能。该方法

不修改原字符串，而是返回一个新字符串。

【例 2-36】 replace()方法使用示例。

```
s = "你是我的小呀小苹果儿"
s.replace("小", "small")              #'你是我的 small 呀 small 苹果儿'
```

（6）删除字符串两端、右端或左端连续空白字符和指定字符的方法：strip()、rstrip()、lstrip()。

【例 2-37】 strip()、rstrip()、lstrip()方法使用示例。

```
>>>s = "        abc        "
>>>s.strip()          #删除两端空白字符，返回'abc'
>>>s.rstrip()         #删除右端空白字符，返回'        abc'
>>>s.lstrip()         #删除左端空白字符，返回'abc        '
>>>s = "=====Mike====="
>>>s.strip('=')       #删除两端指定字符"="，返回'Mike'
>>>s.rstrip('=')      #删除右端指定字符"="，返回'=====Mike'
>>>s.lstrip('=')      #删除左端指定字符"="，返回'Mike====='
```

（7）判断字符串是否以指定字符开始或结束的方法：startswith()、endswith()。

【例 2-38】 startswith()、endswith()方法使用示例。

```
>>>s = "Python 程序设计.py"
>>>s.startswith("Python")   #检测字符串是否以"Python"开始
True
>>>s.endswith("py")         #检测字符串是否以"py"结束
True
```

（8）判断字符串类型方法。判断字符串类型方法有 isupper()、islower()、isdigit()、isalnum()和 isalpha()。

【例 2-39】 isupper()、islower()、isdigit()、isalnum()和 isalpha()方法使用示例。

```
>>>s = "years"
>>>s.islower()                        #判断字符串是否为全小写，返回 True

>>>s = "YEARS"
>>>s.isupper()                        #判断字符串是否为全大写，返回 True

>>>s = "20100405"
>>>s.isdigit()                        #判断字符串是否为全数字，返回 True

>>>s = "He is 10 years old"          #字符串 s 中包含数字字母和空格
>>>s = s.replace(" ", "")            #去除字符串中的空格
>>>s.isalnum()                        #判断字符串是否为数字或字母，返回 True
>>>s.isalpha()                        #判断字符串是否为全字母，返回 False
```

（9）字符串排版方法。字符串排版方法有 center()、ljust()、rjust()和 zfill() 4 种。

【例 2-40】 center()、ljust()、rjust()、zfill()方法使用示例。

```
>>>s = "Hello Mike"
>>>s.center(30, "=")            #字符串居中对齐，输出宽度为 30，不足的以 "=" 填充
'==========Hello Mike=========='
```

```
>>>s.ljust(20, "*")          #字符串居左对齐，输出宽度为 20，不足的以 "*" 填充
'Hello Mike**********'

>>>s.rjust(20, "*")          #字符串居右对齐，输出宽度为 20，不足的以 "*" 填充
'**********Hello Mike'

>>>s.zfill(20)               #输出宽度为 20，在字符串左侧以字符 "0" 填充
'0000000000Hello Mike'
```

2.6.4　format()格式化方法

格式化字符串的方法 format()，其基本语法是通过 "{}" 和 ":" 来代替之前的 "%"。format() 方法可以有多个输出项，位置可以按指定顺序设置。

【例 2-41】format()方法的默认顺序和指定顺序使用示例。

```
>>>"我是{}班{}号的学生{}". format("化工 1701", 28, "赵帅")
'我是化工 1701 班 28 号的学生赵帅'        #不指定位置，按默认顺序
>>>"我是{1}班{2}号的学生{0}". format("赵帅", "化工 1701", 28)
'我是化工 1701 班 28 号的学生赵帅'        #按指定顺序，序号从 0 开始
```

当使用 format()方法格式化字符串的时候，首先需要在 "{}" 中输入 ":"（":" 称为格式引导符），然后在 ":" 之后分别设置<填充字符><对齐方式><宽度>（如表 2-9 所示）。

表 2-9　format()方法中的格式设置项

设置项	可选值
<填充字符>	"*" "=" "-" 等，但只能是一个字符，默认为空格
<对齐方式>	^（居中）、<（左对齐）、>（右对齐）
<宽度>	一个整数，指格式化后整个字符串的字符个数

【例 2-42】format()方法对字符串格式化使用示例。

```
>>>"{:*^20}".format("Mike")     #输出宽度为 20，居中对齐，"*" 填充
'********Mike********'

>>>"{:=<20}".format("Mike")     #输出宽度为 20，左对齐，"=" 填充
'Mike================'
```

format()方法可以很方便地设置保留的小数位数。

【例 2-43】format()方法设置保留指定小数位数使用示例。

```
>>>"{:.2f}".format(3.1415926)       #结果保留 2 位小数
'3.14'

>>>"{:.4f}".format(3.1415926)       #结果保留 4 位小数
'3.1416'

>>>"{:=^30.4f}".format(3.1415926)   #输出宽度为 30，居中对齐，"=" 填充，保留 4 位小数
'============3.1416============'

>>>"{:5d}".format(24)#输出宽度为 5，右对齐，空格填充，
```

```
'  24'
>>>"{:x>5d}".format(24)     #输出宽度为5，右对齐，"x"填充，
'xxx24'
```

2.7　混合运算中类型转换

本节主要介绍 Python 混合运算中类型转换。

2.7.1　类型自动转换

int 对象和 float 对象可以混合运算，如果表达式中包含 float 对象，则 int 对象会自动转换成 float 对象（隐式转换），结果为 float 对象。

【例 2-44】混合运算中类型自动转换使用示例。

```
>>>f = 24 + 24.0        #输出 48.0

>>>type(f)              #输出<class 'float'>

>>>56 + True            #将 True 转换成 1，输出 57，True 为布尔类型

>>>44 + False           #将 False 转换成 0，输出 44，False 为布尔类型

>>>56 + '4'             #报错，数值型数据和字符串型数据无法做"+"运算
```

注意：在混合运算中，布尔类型（bool）的值 True 将被自动转换成 1，False 将被自动转换成 0 来参与运算。

2.7.2　类型强制转换

类型强制转换是将表达式强制转换为所需的数据类型。

【例 2-45】类型强制转换使用示例。

```
>>>int(2.32)      #转换为整数类型，输出 2

>>>float(5)#转换为浮点数类型，输出 5.0

>>>int("abc")     #无法转换，报错  invalid literal for int() with base 10: 'abc'
```

在使用 input()函数输入数据的时候，可以使用 int()函数和 float()函数将字符串类型数据转换成需要的类型数据。

【例 2-46】int()函数和 float()函数使用示例。

```
>>>r = float(input("输入圆的半径："))
输入圆的半径：3.4

>>>year = int(input("输入年份："))
输入年份：2010
```

本 章 小 结

本章先介绍了编写简单的 Python 程序所需的知识，如 Python 中标识符的命名规则，以及如何在程序中使用变量，怎么为变量赋值等；介绍了如何使用 input()函数和 print()函数在程序中实现数据的输入和输出。

本章重点介绍了两种数据类型：数值类型和字符串类型。对于数值类型数据可以使用内置函数或者 math 库中的函数来操作它们。对于字符串类型数据，需要了解字符串操作的常见方法，以及掌握索引和切片的用法。

课 后 习 题

一、单选题

1. Python 采用（　　）来表明每行代码的层次关系。
   - A．注释和制表符
   - B．制表符或括号
   - C．括号
   - D．空格或制表符

2. 下面属于 Python 的注释方式是（　　）。
   - A．--
   - B．//
   - C．#
   - D．/*...*/

3. Python 对于变量的命名要求严格，下面几个选项中非法的变量名是（　　）。
   - A．_var1
   - B．Var_1
   - C．$var_1
   - D．str1

4. 下面不属于 Python 表示字符串的方式是（　　）。
   - A．单引号
   - B．括号
   - C．三引号
   - D．双引号

5. 下面变量正确的赋值方式是（　　）。
   - A．x=1
   - B．int x;<回车>x=1
   - C．1=x
   - D．%x=1

6. Python2 到 Python3 经历了很多重大改变，下面选项中不属于 Python3 接收用户输入的语句是（　　）。
   - A．a=input("input:")
   - B．input("input")
   - C．a="input:"
   - D．b=input()

7. 使用代码缩进的根本原因不包括（　　）。
   - A．为了看上去好看
   - B．为了区别代码的层次关系
   - C．代码缩进是一种语法
   - D．代码缩进是良好的编程习惯

8. 导入 keyword 包后，输入（　　）可以看到 Python3 中的保留字。
   - A．list
   - B．keyword.kwlist
   - C．list.key
   - D．keyword.list

9. 下列不属于 Python3 中的保留字的是（　　）。
   - A．elseif
   - B．del
   - C．raise
   - D．class

10．变量名字的第一个字符必须是（　　）。

　　A．数字或字母　　　　　　　　　　B．数字或下划线

　　C．字母　　　　　　　　　　　　　D．字母或下划线

11．在编写程序时偶尔会遇到一行写不完的代码需要折行，Python 中用于续行的符号是
（　　）。

　　A．"\"　　　　　　B．"空格"　　　　C．"\n"　　　　　　D．"||"

12．要求在下列程序中只更改一行代码实现输出 let's go，方法有多种但不包含修改（　　）。

```
a='let's go'
print(a)
```

　　A．a='let\'s go'　　B．a="let's go"　　C．a=let's go　　　D．a='''let's go'''

13．Python 提供的数字类型包括整型、浮点型和（　　）。

　　A．长整型　　　　B．复数型　　　　C．分数型　　　　D．字典型

14．下列有关 Python3 中的 int 类型说法不正确的是（　　）。

　　A．Python3.5 后 int 类型长度理论上是无限的

　　B．int()函数的作用是强制类型转化即转化为整型数据

　　C．Python 内部对整数的处理分为普通整数和长整数

　　D．int 类型支持高精度整数运算

15．float 类型默认精度位数为（　　）。

　　A．14　　　　　　B．15　　　　　　C．16　　　　　　D．17

16．函数中，复数的实部和虚部分别用（　　）表示。

　　A．real 和 imag　　　　　　　　　　B．imag 和 real

　　C．complex 和 imag　　　　　　　　D．conjugate 和 imag

17．Python 的运算符号包括算术运算符以及（　　）。

　　A．关系运算符和四则运算符　　　　B．四则运算符和求模运算符

　　C．关系运算符和逻辑运算符　　　　D．逻辑运算符和求幂运算符

18．Python 中内置的数学函数不包括（　　）。

　　A．pow　　　　　　B．hex　　　　　　C．abs　　　　　　D．and

19．将十进制的 52 转换为八进制的结果是（　　）。

　　A．0b110　　　　　B．0o64　　　　　C．0x34　　　　　D．0o80

20．下列有关字符串类型的表述错误的是（　　）。

　　A．使用双引号时，单引号可以作为字符串的一部分

　　B．三引号中可以使用双引号

　　C．三引号不能换行

　　D．三引号中可以使用单引号

二、编程题

1．编写 Python 程序计算下面各表达式的值：

（1）$\sqrt{\pi^2}$；

（2）$\ln(2\pi\sqrt{13+e})$；

（3）$\tan^{-1} \log_3(\pi+1)$。

2．编写 Python 程序，按下列要求完成计算，结果保留两位小数：

（1）半径为 2.11 的圆球的体积；

（2）外圆半径为 16.2，内圆半径为 9.4 的圆环的面积；

（3）底面半径为 66，高为 24.2 的圆柱体的体积和表面积。

3．输入两个点的坐标$(x1, y1)$和$(x2, y2)$，输出两点间的距离，结果保留 2 位小数。编写 Python 程序实现上述要求。

4．编写 Python 程序，按下列要求完成操作。

输入字符串"http://sports.sina.com.cn/"，输出以下结果。

（1）字符串中字母"t"出现的次数。

（2）字符串中"com"子字符串出现的位置。

（3）将字符串中所有的"."替换为"-"。

（4）提取"sports"和"sina"两个子字符串（分别使用正向切片和反向切片）。

（5）将字符串中的字母全变为大写。

（6）输出字符串的总字符个数。

（7）在字符串后拼接子字符串"index"。

5．小明参加语文、数学和英语考试，输入小明 3 门课程考试的成绩，求 3 门课程考试成绩的和、平均值、最高分和最低分。如果 3 门课程考试成绩分别以权重 0.5、0.3 和 0.2 计入总评成绩，求小明的最终总评成绩。编写 Python 程序实现上述要求。

6．输入一个三位数的整数，求这个三位数的数字和。例如，输入 382，输出和为 13。编写 Python 程序实现上述要求。

第 3 章   程 序 结 构

程序的基本结构有三种：顺序结构、选择结构和循环结构，其中顺序结构就是程序语句按照顺序执行。本章主要介绍选择结构和循环结构。

3.1   条件表达式

在选择结构和循环结构中，都需要根据条件表达式的值来确定下一步的执行流程。而在条件表达式中经常会用到关系运算符和逻辑运算符。

3.1.1   关系运算符

Python 中的关系运算符如表 3-1 所示（假设表中 a=10，b=20）。

表 3-1   Python 中的关系运算符

运算符	描述	例子
==	等于	(a == b) 返回 False
!=	不等于	(a != b) 返回 True
>	大于	(a > b) 返回 False
<	小于	(a < b) 返回 True
>=	大于等于	(a >= b) 返回 False
<=	小于等于	(a <= b) 返回 True

Python 中的关系运算符的最大特点是可以连用。

使用关系运算符的前提是操作数之间必须可以比较大小，例如，在一个字符串和一个数值之间比较大小就没有意义，Python 也不支持这样的运算。

【例 3-1】关系运算符使用示例。

```
>>>a, b = 10, 50
>>>0 < a < b              #表示 a > 0 并且 a < b，结果为 True
>>>a==b                   #表示 a 和 b 的值是否相等，结果为 False
>>>a>"BC"                 #数值不可与字符串比较大小，系统报错
>>>"ABC">"ab"            #字符串按对应字符的 Unicode 编码进行比较，结果为 False
>>>"Python"<"python"     #字符串按对应字符的 Unicode 编码进行比较，结果为 True
```

3.1.2   逻辑运算符

当需要形成更复杂的条件表达式的时候，可以使用逻辑运算符 and（与运算）、or（或运算）和 not（非运算）。

【例 3-2】逻辑运算符使用示例。

```
>>>a, b = 10, 50
>>>a>10 and b<100          #表示 a>10 并且 b<100, 结果为 False
>>>a>10 or b<100           #表示 a>10 或者 b<100, 结果为 True
>>>not(a>10 and b<100)     #将 a>10 并且 b<100 的结果取反, 结果为 True
```

3.1.3　条件表达式

可以使用各种运算符来构建不同的条件表达式，具体例子如如下。

（1）假设有整数 x，表示 x 为一个偶数。

```
x % 2 == 0
```

（2）假设有整数 x，表示 x 是 3 的倍数且个位数字为 5。

```
x % 3 == 0 and x % 10 == 5
```

（3）假设有三条线段，长度分别为 a、b、c，表示 a、b、c 能构成一个三角形。

```
(a+b>c) and (b+c>a) and (a+c>b)
```

（4）假设有某个年份 year，则表示 year 为闰年的条件是如果 year 是 4 的倍数且不是 100 的倍数，或者 year 是 400 的倍数，那么 year 即为闰年。

```
(year % 4 == 0 and year % 100 != 0) or (year % 400 == 0)
```

3.2　选择结构

选择结构也称分支结构，常见的有单分支结构、双分支结构、多分支结构和嵌套的 if 结构，选择结构主要通过 if 语句来实现。

3.2.1　单分支结构

单分支结构是最简单的一种选择结构，其语法格式如下：

if　条件表达式：
　　语句块

（1）条件表达式后面的"："是不可缺少的，它表示一个语句块的开始，后面几种形式的选择结构和循环结构中的"："也都是必须要有的。

（2）在 Python 中代码的缩进非常重要，缩进是体现代码逻辑关系的重要方式，所以在编写语句块的时候，务必注意代码缩进，且同一个代码块必须保证相同的缩进量。

当条件表达式成立，结果为 True 时，语句块将被执行；如果条件表达式不成立，语句块将不会被执行，程序会继续执行后面的语句（如果有）。语句块是否被执行依赖于条件表达式的判断结果。

【例 3-3】用户使用键盘输入两个任意整数 a 和 b，比较 a 和 b 的大小，并输出 a 和 b，其中 a 为输入的两个整数中的较大者。

【分析】如果用户输入的 a 大于等于 b，那么直接输出即可，无须执行任何操作。只有在用户输入的 a 小于 b 的时候，才需要交换 a 和 b 的值。交换 a 和 b 的值，可以用语句"a,b = b,a"实现。

【参考代码】

```
#对两个任意整数 a 和 b，比较 a 和 b 的大小，保证 a 为输入的两个整数中的较大者
a = int(input("请输入整数 a: "))
```

```
b = int(input("请输入整数 b："))
print("输入值 a={}，b={}".format(a, b))
if a < b:
    a, b = b, a
print("比较后的值 a={}，b={}".format(a, b))
```

运行结果如图 3-1 所示。

```
请输入整数 a：3
请输入整数 b：6
输入值 a=3，b=6
比较后的值 a=6，b=3
```

图 3-1　运行结果

如果语句块中的语句较短，只有一句，也可以直接写在 if 条件表达式的后面。例如，例 3-3 参考代码中的 if 语句也可以写成：

```
if a<b: a, b = b, a
```

3.2.2　双分支结构

双分支结构，其语法格式如下：

if　条件表达式:
　　语句块 1
else:
　　语句块 2

当条件表达式的值为 True 时执行语句块 1，否则执行语句块 2。这里的语句块 1 和语句块 2 在一次运行过程中有且只有一个能被执行。

【例 3-4】宋代才子苏轼写过一首词《菩萨蛮·回文夏闺怨》，词句如下：

柳庭风静人眠昼，昼眠人静风庭柳。香汗薄衫凉，凉衫薄汗香。

手红冰碗藕，藕碗冰红手。郎笑藕丝长，长丝藕笑郎。

这是一首著名的回文词，编写一段代码来判断用户输入的字符串是否为回文。

【分析】如果一个字符串从左向右读和从右向左读都是一样的，那么它就是回文，形如 "abcba""34gg43" 形式的就是回文。从左向右取字符串就是该字符串本身，从右向左取字符串是原字符串的逆序串。因此，判断字符串是否为回文就可转换为判断字符串和它的逆序串是否相等。

【参考代码】

```
str = input("请输入字符串：")
if (str == str[::-1]):
    print(str + "为回文串")
else:
    print(str + "不是回文串")
```

程序运行结果如图 3-2 所示。

```
请输入字符串：abc
abc 不是回文串
```

图 3-2　运行结果

例 3-4 使用了二选一的选择结构，也就是双分支结构，分别处理"是回文"以及"不是回文"的两种情况。

【例 3-5】输入三条线段的长度，对用户输入的数据做合法性检查，并求由这三条线段围成的三角形的面积。

【参考代码】

```python
import math
a = float(input("请输入三角形的边长  a："))
b = float(input("请输入三角形的边长  b："))
c = float(input("请输入三角形的边长  c："))
if (a+b>c and a+c>b and b+c>a):
    h = (a+b+c)/2
    area = math.sqrt(h*(h-a)*(h-b)*(h-c))
    print("三角形的面积为：{:.2f}".format(area))
else:
    print("用户输入数据有误！")
```

运行结果如图 3-3 所示。

```
请输入三角形的边长 a：2.4
请输入三角形的边长 b：4.4
请输入三角形的边长 c：12
用户输入数据有误！
```

图 3-3　运行结果

在例 3-5 参考代码中 if 后面的条件表达式使用了关系运算符和逻辑运算符一起来构成复杂的判断条件。

Python 还提供双分支结构的简洁表达形式。语法格式如下：

语句 1 if　条件表达式　　else　语句 2

当条件表达式的值为 True 时，执行语句 1，否则执行语句 2。

下面以求 x 绝对值的代码来说明双分支结构的简洁表达形式的用法。

```python
x = int(input("x="))
print(x)    if x>=0 else print(-x)
```

3.2.3　多分支结构

多分支结构的语法格式如下：

if　条件表达式 1：
　　语句块 1
elif　条件表达式 2：
　　语句块 2
elif　条件表达式 3：
　　语句块 3
…
else：
　　语句块 n

其中，关键字 elif 是 else if 的缩写。

【例 3-6】根据用户的身高和体重，计算用户的 BMI 指数，并给出相应的健康建议。BMI

指数即身体质量指数，是用体重（kg）除以身高（m）的平方得出的数字（BMI=体重/身高^2），是目前国际上常用的衡量人体胖瘦程度以及身体是否健康的一个标准。下面先来看看标准 BMI 数值指标。

过轻：低于 18.5。

正常：18.5～23.9。

过重：24～27.9。

肥胖：28～32。

过于肥胖：32 以上。

【参考代码】

```
#计算 BMI 指数
height = eval(input("请输入您的身高（m）: "))
weight = eval(input("请输入您的体重（kg）: "))
BMI = weight/height/height
print("您的 BMI 指数是: {:.1f}".format(BMI))
if    BMI < 18.5:
        print("您的体形偏瘦，要多吃多运动哦! ")
elif    18.5 <= BMI < 24:
        print("您的体形正常，继续保持哟! ")
elif    24 <= BMI < 28:
        print("您的体形偏胖，有发福迹象! ")
elif    28 <= BMI < 32:
        print("不要悲伤，您是一个迷人的胖子! ")
else:
        print("什么也不说了，要开始运动了哦! ")
```

运行结果如图 3-4 所示。

```
请输入您的身高（m）: 1.8
请输入您的体重（kg）: 72
您的 BMI 指数是: 22.2
您的体形正常，继续保持哟!
```

图 3-4   运行结果

多分支结构也可以用多条单分支结构来实现，在解决实际问题的时候可以灵活选用。

3.2.4 嵌套的 if 结构

在 if 选择结构中，若语句块本身也是一段 if 语句，就形成了 if 语句的嵌套结构。

【例 3-7】输入一个三位数的正整数，输出其中最大的一位数字。例如，输入 386，输出 8；输入 290，输出 9。

【分析】可以将问题分解成两步：第一步，需要从用户输入的三位数的正整数中分离出百位数、十位数和个位数；第二步，从百位数、十位数和个位数中找出最大的数字。

【参考代码】

```
#输出一个三位数的正整数中最大的一位数字
num = int(input("请输入一个三位数的正整数: "))
a = str(num)[0]        #取 num 的百位数字
```

```
b = str(num)[1]          #取 num 的十位数字
c = str(num)[2]          #取 num 的个位数字
if a>b:
    if   a>c:
        max_num = a
    else:
        max_num = c
else:
    if   b>c:
        max_num = b
    else:
        max_num = c
print(str(num) + "中最大的数字是： " + max_num)
```

运行结果如图 3-5 所示。

请输入一个三位数的正整数：369
369 中最大的数字是：9

图 3-5　运行结果

（1）代码利用了字符串的索引分离一个三位数的正整数。因此，需要用 str()函数将输入的数据从整数类型转换为字符串类型。在代码最后一行的输出中，使用了字符连接符"＋"，因此同样需要对输入的数据做类型转换。

（2）分离一个三位数的整数，也可以利用整除"//"和求余"%"运算符实现。

```
a = num//100            #取 num 的百位数字
b = num//10%10          #取 num 的十位数字
c = num%10              #取 num 的个位数字
```

（3）在从三个整数里找最大值的程序段中，采用了嵌套的 if 结构，外层 if 和 else 分支中的语句块都是由一组内层 if 结构组成的。

当然，从三个整数中找最大值，也可以用其他的 if 结构实现。请分析下列两组代码，思考为什么第二段代码会得到错误的输出。

代码一：

```
a, b, c = 80, 20, 30
if a>b and a>c:
    max_num = a
elif b>a and b>c:
    max_num = b
else:
    max_num = c
print("max_num=",max_num)
```

运行结果：

```
max_num= 80
```

代码二：

```
a, b, c = 80, 20, 30
if a > b > c:
    max_num = a
elif    b > a > c:
```

```
    max_num = b
else:
    max_num = c
print("max_num=",max_num)
```

运行结果：

```
max_num= 30
```

还可以使用 Python 的内置函数 max() 来解决求最大值问题，对应的语句为：

```
max_num = max(a, b, c)
```

求三个数中的最大值，本身并不是一个复杂的问题，但为了解决这个问题而进行的种种尝试却体现了程序设计的一些重要思想。绝大多数的计算问题，都有多种解决方法，因此在解决问题时应该找到更加有效、更加快速的算法，这就属于计算思维的范畴。

3.3　循　环　结　构

循环结构是程序设计中的重要结构，主要解决在程序设计中需要重复执行某个操作的问题。一般采用 for 语句和 while 语句来实现。

3.3.1　for 语句

for 语句用一个循环控制器（在 Python 中称为迭代器）来描述其语句块的重复执行方式，它的基本语法格式是：

for　变量　in　迭代器:
　　语句块

其中，for 和 in 都是关键字，语句包含了三个部分，其中最重要的是迭代器。由关键字 for 开始的行称为循环的头部，语句块称为循环体。与 if 语句的语句块类似，for 语句的语句块也需要缩进，且语句块中各个语句的缩进量必须相同。

迭代器是 Python 中的一类重要机制，一个迭代器描述一个值序列。在 for 语句中，变量按顺序取迭代器表示的值序列中的各个值，每一个值都将执行一次语句块。由于变量取到的值在每一次循环中不一定相同，因此，虽然每次循环都执行相同的语句块代码，但执行的效果却随变量取值的变化而变化。

1. 字符串作为迭代器

字符串类型本身就是一种迭代类型，可以直接放在 for 语句中作为迭代器使用。例如，执行代码：

```
for s in "abcde":
    print(s, end=" ")
```

运行结果：

```
a b c d e
```

在 for 循环的循环体 print 语句中，s 作为变量，可以按顺序取到 "abcde" 中的每一个字符，反复执行语句 "print(s, end=" ")"，就输出了每一个字符，并在每次输出后以空格结束。

【例 3-8】统计英文句子中大写字符、小写字符和数字各有多少个。

【参考代码】

```
str = input("请输入一句英文：")
```

```
count_upper = 0
count_lower = 0
count_digit = 0
for s in str:
    if s.isupper():
        count_upper = count_upper+1
    if s.islower():
        count_lower = count lower+1
    if s.isdigit():
        count_digit = count digit+1
print("大写字符： ", count_upper)
print("小写字符： ", count_lower)
print("数字字符： ", count_digit)
```

运行结果如图 3-6 所示。

请输入一句英文：I am a boy.I am 12 years old.
大写字符：2
小写字符：16
数字字符：2

图 3-6　运行结果

代码中的第 6、8、10 行中 if 语句的条件表达式也可以写成：

```
s.isupper() == True
s.islower() == True
s.isdigit() == True
```

for 语句可以遍历字符串中的每一个字符，然后使用 isupper()、islower()、isdigit()函数来判断字符类型，并用 count_upper、count_lower、count_digit 三个变量来计数。

2. range()函数生成迭代序列

range()是 Python 中的一个内置函数，调用这个函数就能产生一个迭代序列，因此适合放在 for 语句的头部。range()函数有以下 3 种不同的调用方式。

（1）range(n)。range(n)得到的迭代序列为：0, 1, 2, 3,…, n -1。例如，range(100)表示序列 0, 1, 2, 3,…, 99。当 n ≤ 0 时序列为空。

（2）range(m, n)。range(m, n)得到的迭代序列为： m, m + 1, m + 2,…, n - 1。例如，range(11,16)表示序列 11, 12, 13, 14, 15。当 m≥n 时，序列为空。

（3）range(m, n, d)。range(m, n, d)得到的迭代序列为：m, m + d, m + 2 d, …。按步长值 d 递增，如果 d 为负数则递减，直至那个最接近但不包括 n 的等差值。

因此，range(11,16,2)表示序列 11, 13, 15 ；range(15,4,-3)表示序列 15, 12, 9, 6。这里的 d 可以是正整数，也可以是负整数，正整数表示增量，而负整数表示减量，也有可能出现空序列的情况。

如果 range()产生的序列为空，那么用这样的迭代器控制 for 循环时，其循环体将一次也不执行，循环立即结束。

【例 3-9】利用 for 循环求 1～100 中所有整数的和。

【参考代码】

```
sum = 0
for i in range(1, 100+1):
```

```
        sum = sum + i
    print("sum=", sum)
```

运行结果：

```
sum=5050
```

这里的 sum 变量实现累加，其中 for 循环负责遍历取值空间，range()函数的终值为 101。在循环过程中，i 会取到 1～100 中的每一个整数，在循环体中将 i 的值加入累加器 sum 变量。当循环结束后，sum 的值就是和。

【例 3-10】利用 for 循环求 1～100 中所有的奇数和偶数的和分别是多少。

```
sum_odd=0
sum_even=0
for i in range(1, 100+1):
    if i%2==1:
        sum_odd=sum_odd+i          #i 为奇数时求和
    else:
        sum_even=sum_even+i        #i 为偶数时求和
print("1～100 中所有的奇数和：", sum_odd)
print("1～100 中所有的偶数和：", sum_even)
```

运行结果：

```
1～100 中所有的奇数和：2500
1～100 中所有的偶数和：2550
```

本例题中需要遍历的空间还是 1～100，所以 for 循环的头部和例 3-9 一样。在遍历的过程中，需要对 i 的奇偶性做判断，因此引入了 if 结构，在这里要特别注意语句的缩进关系。实际应用中经常采用 for 语句包含 if 结构来解决问题，先用 for 语句来遍历取值空间，再用 if 结构对取到的数据进行判断和筛选。

【例 3-11】利用 for 循环求正整数 n 的所有公约数，即所有能把 n 整除的数。例如，输入 6，输出 1、2、3、6。

【分析】这里需要遍历的取值空间应该在 1～n 之间，对于该空间中的每一个值可以用 if 结构来判断它是否为 n 的公约数。

【参考代码】

```
n = int(input("请输入一个正整数："))
for i in range(1, n+1):
    if n%i==0:
        print(i, end='   ')
```

运行结果：

```
请输入一个正整数：78
1   2   3   6   13   26   39   78
```

3.3.2 while 语句

while 语句一般用于循环的初值和终值并不明确，但是有明确的循环终止条件的情况。

while 语句中，用一个逻辑条件的表达式来控制循环，条件成立时反复执行循环体，直到条件不成立的时候循环结束，其语法格式如下：

while　条件表达式：
　　语句块

同样，条件表达式后的"："不可省略，语句块需注意缩进。执行 while 语句的时候，先求条件表达式的值，如果值为 True 就执行一次语句块，然后重复上述动作；当条件表达式的值为 False 时，while 语句执行结束。

显然，while 语句可以实现 for 语句能实现的所有计算。

【例 3-12】利用 while 语句求 1～100 中所有整数的和。

【参考代码】

```
sum = 0
i = 1
while i <= 100:
    sum = sum + i
    i = i + 1
print("sum=", sum)
```

运行结果：

```
sum=5050
```

与例 3-9 相比，使用 while 语句的时候，必须自己管理循环中使用的变量 i，程序中的"i = i+1"就是自己在做增量操作。如果去掉"i = i+1"这条语句，变量 i 的值将一直等于 1，循环条件"i <= 100"将一直成立，这个循环就一直无法结束，变成死循环。

一般而言，如果循环比较规范，循环中的控制比较简单，事先可以确定循环次数，那么用 for 语句写的程序往往会比用 while 语句写的程序更简单、更清晰。

【例 3-13】求非负数字序列中的最小值、最大值和平均值。用户输入-1 就表示序列终止。

【分析】本题中用户的输入是不受程序控制的，也有可能用户第一次就输入了-1，那么程序一开始就会跳出循环。同样，程序也无法预知用户输入数据的个数，但是循环终止的条件非常清晰，因此采用 while 语句实现。

【参考代码】

```
count = 0
total = 0
print("请输入一个非负整数，以-1 作为输入结束!")
num = int(input("输入数据："))
min = num
max = num
while(num != -1):
    count += 1
    total += num
    if num<min: min = num
    if num>max: max = num
    num = int(input("输入数据："))
if count>0:
    print("最小{},最大{},均值{:.2f}".format(min,max,total/count))
else:
    print("输入为空")
```

运行结果如图 3-7 所示。

```
请输入一个非负整数，以-1 作为输入结束！
输入数据：3
输入数据：5
输入数据：8
输入数据：2
输入数据：-1
最小 2，最大 8，均值 4.50
```

图 3-7　运行结果

【例 3-14】利用牛顿迭代法求解一个实数的算术平方根，计算规则如下：

（1）假设需要求正实数 x 的算术平方根，任取 y 为某个正实数；

（2）如果 $y \times y = x$，计算结束，y 就是 x 的算术平方根；

（3）否则令 $z = (y + x / y) / 2$；

（4）令 y 的新值等于 z，转回步骤(1)。

【参考代码】

```python
import math
x = float(input("输入一个正实数："))
n = 0
y = 1.0
while abs(y*y-x)>1e-8:
    y = (y+x/y)/2
    n = n+1
print(n,y)
print("算术平方根为：", y)
print("sqrt 求算术平方根为：", math.sqrt(x))
```

运行结果：

```
输入一个正实数：9
5 3.000000001396984
算术平方根为：3.000000001396984
sqrt 求算术平方根为：3.0
```

迭代了 5 次就得到了结果，说明使用牛顿迭代法计算算术平方根收敛得非常快。

3.3.3　break 语句和 continue 语句

for 语句和 while 语句都是通过头部控制循环的执行，一旦进入循环体，就会完整地执行一遍语句块，然后再重复。

针对只执行循环体中的部分语句就结束循环或者立刻转去做下一次循环的情况，就需要用到循环控制语句 break 和 continue 语句，对比下面的代码，学习两者的用法。

```
for i in range(1, 10+1):        for i in range(1, 10+1):
    if i % 3 == 0:                  if i % 3 == 0:
        break                          continue
    print(i, end=' ')              print(i, end=' ')
输出：1 2                       输出：1 2 4 5 7 8 10
```

在左边的循环中，当 i 是 3 的倍数的时候，执行 break 语句。break 语句的作用是立刻结束整个 for 循环，因此输出只有 1 和 2 两个数字。

在右边的循环中，当 i 是 3 的倍数的时候，执行 continue 语句。continue 语句的作用是结束这一轮的循环，程序跳转到循环开始，根据循环的要求继续循环，因此输出了 1~10 中不是3 的倍数的所有数字。

break 和 continue 语句都只能出现在循环体内，且只能控制包含着它们的最内层循环（循环是可以嵌套的）。通常情况下，break 和 continue 语句总是出现在条件语句中，在某种情况发生的时候控制循环的执行。

【例 3-15】判断一个正整数 n（n ≥ 2）是否为素数。素数是指一个大于 1 且除了 1 和它自身，不能被其他整数整除的整数。

【参考代码】

```
n = int(input("输入一个正整数 n（n>=2）: "))
for i in range(2, n):
    if n%i==0: break
if i== n-1:
    print(n, "是素数")
else:
    print(n, "不是素数")
```

输出结果：

```
输入一个正整数 n（n>=2）: 11
11 是素数
```

对于输入的正整数 n 来说，判断它是否为素数，就是在 2~n-1 的范围中寻找 n 的约数。如果在循环遍历过程中，发现有一个正整数 i 是 n 的约数，即 i 把 n 整除了，那就不必再循环遍历下去，因为此时已经可以判定 n 不是素数，程序中使用 break 语句退出循环。注意，当遇到 break 语句退出循环的时候，遍历还未结束，此时的 i 仍然在 2~n-1 之间。

如 n 是素数，循环情况又会怎么样呢？当 n 是素数的时候，循环体中的 if 条件永远不会成立，break 语句永远执行不到，只有当 i 的取值超出 range() 的迭代范围时，循环才会退出，因此退出循环时 i 的值一定等于 n-1。

for 语句后的 if-else 结构正是根据 i 的取值来判断循环的执行情况，从而得到 n 的判定结果。

【例 3-16】求两个正整数 m 和 n 的最大公约数。

【分析】首先确定 m 和 n 的最大公约数可能出现的范围一定在 1~min(m,n) 之间，那么就可以把这个范围内的整数依次遍历来验证是否为要找的最大公约数。设有整数 i，那么 i 为 m 和 n 的公约数的条件是"m % i==0 and n % i==0"。如果用"range(1, min(m, n)+1)"来产生迭代序列，那么生成的数据是由小到大排列的，需要循环到最后才能找到最大的公约数。因此，考虑从大向小遍历，即在 range() 中设置步长为负，这样找到的第一个公约数即为最大公约数，找到后通过 break 语句结束循环。

【参考代码】

```
m = int(input("输入一个正整数 m: "))
n = int(input("输入一个正整数 n: "))
for i in range(min(m, n), 0, -1):
    if m % i == 0 and n % i == 0:
        print("{}和{}的最大公约数为: {}".format(m,n,i))
        break
```

运行结果：

```
输入一个正整数 m：28
输入一个正整数 n：12
28 和 12 的最大公约数为：4
```

3.3.4　循环结构中的 else 子句

在 for 和 while 循环结构中，都可以带有 else 子句，用于对退出循环的方式做不同的处理。如果循环是因为条件表达式不成立或者是序列遍历结束而自然退出时，则执行 else 子句。如果循环是因为 break 语句导致提前结束时，则不会执行 else 子句。

```
for i in range(5):              for i in range(5):
    print(i, end = "  ")            print(i, end = "  ")
else:                               if i >= 3: break
    print("for 循环正常结束！")  else:
                                        print("for 循环正常结束！")
```

输出：0　1　2　3　4　for 循环正常结束！　输出：0　1　2　3

比较左右两段代码，左边代码由于序列遍历结束而正常退出循环，执行 else 子句；右边代码则由于 break 语句而提前退出循环，else 子句不被执行。以上情况对于 while 循环结构来说也是一样的。

【例 3-17】 用带 else 子句的循环结构判断正整数 n 是否为素数。
【参考代码】

```
n = int(input("输入一个正整数 n（n>=2）："))
for i in range(2, n):
    if n%i == 0:
        print(n, "不是素数")
        break
else:
    print(n, "是素数")
```

运行结果：

```
输入一个正整数 n（n>=2）：17
17 是素数
```

代码中的 else 子句属于 for 循环结构的一部分，是对 for 循环由于序列遍历结束而自然退出时所做的处理。当 for 循环自然结束退出时，表示 break 语句并未执行，即没有找到任何一个 i 是 n 的约数，因此判定 n 为素数。

3.3.5　循环的嵌套

循环的嵌套就是指在一个循环体内又包含一个完整的循环结构。
【例 3-18】 打印"*"组成的图形。

```
for i in range(10):
    print("*", end=' ')
```

上面的两行代码会输出一个由 10 个"*"组成的图形"**********"。如果需要 5 个这样的图形可以怎样实现呢？显然，只要把上面两行代码通过循环执行 5 遍就可以了，于是上面的代码段就变成了外层循环的循环体，构成了两重循环，代码如下：

```
for m in range(5):
    for i in range(10):
        print("*", end=' ')
print()
```

这里有两重循环，因此也要有两重的缩进，print 语句的作用是换行，外层 for 循环控制行数，内层 for 循环控制每行的字符个数，运行代码，结果如下：

```
* * * * * * * * * *
* * * * * * * * * *
* * * * * * * * * *
* * * * * * * * * *
* * * * * * * * * *
```

【例 3-19】找出 300 以内的所有素数。

【参考代码】

```
count = 0
for n in range(2, 300):
    for i in range(2, n):
        if n%i==0:
            break
        else:
            print("{:>5}".format(n), end=' ')
            count+=1
print("\n 共有{}个素数".format(count))
```

运行结果如图 3-8 所示。

```
    2    3    5    7   11   13   17   19   23   29   31   37   41   43   47   53
   59   61   67   71   73   79   83   89   97  101  103  107  109  113  127  131
  137  139  149  151  157  163  167  173  179  181  191  193  197  199  211  223
  227  229  233  239  241  251  257  263  269  271  277  281  283  293
共有62个素数
```

图 3-8　运行结果

3.4　random　库

Python 内置的 random 库，提供了与随机数有关的功能，主要提供一些能生成各种随机数的函数，下面介绍其中几个最常用的函数，其他函数请读者自行查阅 Python 标准库手册。

（1）random()。生成左闭右开区间[0.0,1.0)中的一个随机浮点数。

（2）randrange(n)、randrange(m,n)、randrange(m,n,d)。生成给定区间里的一个随机整数。

（3）randint(m,n)。生成一个[a,b]之间的随机整数，随机数可能等于 b。

（4）choice(s)。从非空序列 s 里随机选择一个元素并返回。

（5）uniform(m,n)。生成一个[m, n]之间的随机小数。

（6）sample(pop,k)。从 pop 类型中随机选取 k 个元素，以列表类型返回。

（7）shuffle(s)。将序列类型中的元素随机排列，返回打乱后的序列。

（8）seed(n)。设定随机生成数的种子。

【例 3-20】使用 random 库示例。

```
>>>from random import *
>>>random()
0.3537529368666258
>>>randrange(0, 10, 2)
8
>>>choice("ABCDE")
'C'
>>>uniform(1, 5)
2.273468483231034
>>>ls=[1,2,3,4,5,6,7,8]      #ls 是一个列表，列表将在后面的章节中学习
>>>shuffle(ls)
>>>print(ls)
[2, 4, 8, 6, 1, 7, 3, 5]
>>>sample(ls, 4)
[3, 8, 6, 4]
>>>seed(125)
>>>random()
0.9000582191556544
```

每次生成随机数之前可以通过 seed()函数指定随机的数值，随机数值一般是一个整数，只要数值相同，每次生成的随机数序列也相同。

【例 3-21】赌场中有一种被称为"幸运 7"的游戏，游戏规则是玩家掷两枚骰子，如果其点数之和为 7，玩家就赢 4 元；不是 7，玩家就输 1 元。请分析这种规则是否公平。

【分析】可以用计算机模拟掷骰子的过程，测算两个骰子点数之和为 7 的概率。

```
from random import *
count = 0
for i in range(100000):
    num1 = randint(1, 6)
    num2 = randint(1, 6)
    if num1+num2 ==7:
        count += 1
print(count/100000)
```

在模拟过程中，让计算机循环执行 100000 次，统计这 100000 次中两个骰子的点数之和为 7 的概率是多少。运行代码 5 次，结果分别是 0.16782、0.1676、0.16574、0.16797、0.16389。

可以发现，赢的概率在 0.16～0.17 之间，因此玩"幸运 7"这个游戏，输钱的可能性大于赢钱的可能性。

假设玩家刚开始有 10 元，当全部输掉时游戏结束，以下代码模拟玩家参与游戏的过程。

【参考代码】

```
from random import *
money = 10
max = money
while money > 0:
    num1 = randint(1, 6)
    num2 = randint(1, 6)
```

```
    if num1+num2 = = 7:
        money += 4
        if money > max: max = money
    else:
        money -= 1
    print(money, end='   ')
print("\nmax=", max)
```

运行结果如下图 3-9 所示。

```
9  13  12  11  15  14  13  12  11  10  9  13  12  11  10  9  8  7
6  5  4  3  2  1  0
max= 15
```

图 3-9   运行结果

3.5   综合应用实例

【例 3-22】找出所有的水仙花数。水仙花数是指一个 3 位数，它每一位数字的 3 次幂之和等于它本身，如 $1^3 + 5^3 + 3^3 = 153$。z

【分析】遍历的序列为[100,999]，对该序列中的每一个数进行验证，列出所有水仙花数。

```
for i in range(100, 999+1):
    a = i//100
    b = i//10%10
    c = i%10
    if a**3 + b**3 + c**3 == i:
        print(i, end="    ")
```

运行结果如下：

```
153     370     371     407
```

在代码中，分离 i 的每一位时都采用了整除结合取余的方法，除此之外还可以采用将 i 变成字符串，使用字符串切片的方法来实现。

【例 3-23】找出 1000 以内所有的完全数。完全数又称完美或完备数，是一些特殊的自然数，它所有的真因子（即除了自身以外的约数）的和（即因子函数）恰好等于它本身，例如 6、28、496 等。

【分析】外层循环遍历 1～1000 中的所有整数（已知 1000 不是完全数，所以终值只到 999），内层循环对每一个 i 取到的整数求它的真因子之和，退出内层循环后，如果所有真因子的和等于该数自己，则将此数输出。

在本题中，对于每一个 i 取到的整数值做三件事：

（1）将存放约数和的变量 sum 值初始化为 0。

（2）通过 for 循环求 i 的真因子和并存放在 sum 中。

（3）判断 sum 与该整数是否相等。

【参考代码】

```
for n in range(1, 999+1):
    sum = 0
```

```
    for i in range(1, n):
        if n % i == 0:
            sum += i
    if sum == n:
        print(n, end="    ")
```

运行结果如下：

```
6    28    496
```

【例 3-24】无穷级数 $\dfrac{4}{1} - \dfrac{4}{3} + \dfrac{4}{5} - \dfrac{4}{7} + \cdots$ 的和是圆周率 π，请编写一个程序计算出这一无穷级数前 n 项的和。

【分析】这是一个级数计算的问题，在每一个子项中变化的有分母和符号。第 n 项的分母为 $(2 \times n) - 1$。

【参考代码】

```
n = int(input("请输入项数："))
PI = 0
for i in range(1, n+1):
    PI = PI+(-1)**(i+1)*(1/(2*i-1))
print("PI=", PI*4)
```

运行结果如下：

```
输入项数：1000
PI=3.140592653839794
```

如果本题要求改成求圆周率 π，当误差小于 10^{-6} 时停止计算，输出求得的圆周率 π 的值。则修改代码为：

```
import math
PI = 0
i = 1
while abs(PI*4 - math.pi) >= 1e-6:
    PI = PI+(-1)**(i+1)*(1/(2*i-1))
    i += 1
print("PI=", PI*4)
```

运行结果如下：

```
PI=3.1415936535887745
```

【例 3-25】斐波那契数列因数学家莱昂纳多·斐波那契以兔子繁殖为例子而引入，故又称为"兔子数列"。斐波那契数列指的是数列：1, 1, 2, 3, 5, 8, 13, 21, 34, …，这个数列从第 3 项开始，每一项都等于前两项之和。现要求输出该数列的前 n 项，每行输出 4 个数字。

```
n = int(input("输入数列项数："))
x1 = 1
x2 = 1
count = 2
print("{:>8}{:>8}".format(x1,x2), end=' ')
for i in range(3, n+1):
    x3 = x1+x2
    print("{:>8}".format(x3), end=' ')
    count+=1
```

```
if count % 4 == 0: print()       #每输出 4 个数据就换行
    x1 = x2
    x2 = x3
```

运行结果如下：

当输入数列项数为 24

1	1	2	3
5	8	13	21
34	55	89	144
233	377	610	987
1597	2584	4181	6765
10946	17711	28657	46368

在斐波那契数列中，当 n 趋于无穷大时，前一项与后一项的比值越来越接近黄金分割值 0.618，所以它又被称为"黄金分割数列"。

本 章 小 结

本章主要介绍了程序设计的结构及如何使用关系运算符和逻辑运算符来构成条件表达式，还介绍了 Python 中 random 库中函数的使用。本章重点是掌握选择结构和循环结构的用法。

课 后 习 题

一、单选题

1．下面这段代码运行后将输出（　　）。

```
if a>b:
    print('a>b')
elif a==b:
    print('a==b')
else:
    print('a<b')
```

　　A．a<b　　　　　B．a==b　　　　　C．a>b　　　　　D．程序报错

2．下面这段代码运行后将输出（　　）。

```
a=52
b=62
c=b+1
print(eval("a+c"))
```

　　A．a+c　　　　　B．52b+1　　　　　C．115　　　　　D．"a+c"

3．下面这段程序运行后将输出（　　）。

```
str1='57'
print eval("5"+str1)
```

　　A．TypeError　　B．invalid syntax　C．NameError　　D．120

4．下面这段代码运行后将输出（　　　）。

```
n=7
sum=0
for i in range(int(n)):
    sum+=i+1
print("结果为： ",sum)
```

　　　　A．结果为：25　　B．结果为：28　　C．结果为：29　　　　D．程序报错

5．下面这段代码运行后将输出（　　　）。

```
a="""dsad
dsafsda
"""
print(a)
```

　　　　A．dsaddsafsda　　B．dsad　　　　　C．""dsaddsafsda""　　D．dsad\ndsafsda\n
　　　　　　　　　　　　　　　dsafsda

6．修改下面代码，实现使用 while 语句求 1～100 的总和（　　　）。

```
n=100
sum=0
counter=1
while counter<=n
    sum=sum+counter
    counter+=1
print("Sum of 1 until %d: %d" % (n,sum))
```

　　　　A．第一行修改为 n=0　　　　　　B．第四行添加:
　　　　C．第六行取消缩进　　　　　　　　D．最后一行缩进

7．下面这段代码运行后将输出（　　　）。

```
while True:
    forward(200)
    right(144)
    if abs(pos()) <1:
        break
    end_fill()
```

　　　　A．NameError　　　　　　　　　　B．TypeError
　　　　C．SyntaxError　　　　　　　　　　D．一个五角星

8．下面这段代码运行后将输出（　　　）。

```
world="world"
print("hello"+world)
```

　　　　A．helloworld　　B．"hello"world　　C．hello　world　　D．语法错误

9．根据斐波那契数列的定义，输出不大于 1000 的序列元素。在下列代码中的横线上填入（　　　）可以实现此功能。

```
a, b = 0, 1
while a < 1000:
    print(a, end=",")
    a, b = b, _____
```

　　　　A．a　　　　　　　B．b　　　　　　C．a + b　　　　　D．a - b

10. 下面循环体的执行次数与其他不同的是（　　）。

   A．i = 0　　　　　　　　　　　　B．for i in range(100):

      while(i <= 100):　　　　　　　　　　　print (i)

        print (i)

        i = i + 1

   C．for i in range(100,0,-1):　　　　D．i = 100

      print (i)　　　　　　　　　　　　while(i > 0):

                      print (i)

                      i = i - 1

11. 循环结构可以使用 Python 中的（　　）语句实现。

   A．print　　　　　B．while　　　　　C．loop　　　　　　　D．if

12. 下面这段代码运行后将输出（　　）。

```
flag = False
name = "小黑"
if name == "小蓝":
    flag = True
    print ("Welcome boss!")
else:
    print (name)
```

   A．小蓝　　　　　　　　　　　　B．小黑

   C．Welcome boss!小蓝　　　　　　D．Welcome boss!小黑

13. 请分析下面代码，若输入 score 为 80，则输出（　　）。

```
score = int(input("请输入一个分数："))
grade = 'A'
if score >= 60:
    grade = 'D'
elif score >= 70:
    grade = 'C'
elif score >= 80:
    grade = 'B'
else score >= 90:
    grade = 'A'
print (grade)
```

   A．D　　　　　　B．B　　　　　　C．A　　　　　　　D．程序运行错误

14. Python 通过保留字（　　）提供遍历循环和无限循环的结构。

   A．for、do while　　　　　　　B．for、while loop

   C．for、while　　　　　　　　　D．until loop、while

15. 下面属于 while 循环特点的是（　　）。

   A．提高程序的复用性　　　　　B．能够实现无限循环

   C．如果不小心会出现死循环　　D．必须提供循环的次数

16. 以下可以终结一个循环的保留字是（　　）。

   A．if　　　　　　B．break　　　　　C．exit　　　　　　D．continue

17．下面这段代码运行后将输出（　　）。

```
for i in range(0,2):
    print (i)
```

  A．1 2   B．0 1 2   C．1   D．0 1

18．横线处填入（　　）可使 k 值只打印一次。

```
k = 1
while k <= 2:
    print (k)
    if k > 0:
        _____
```

  A．continue B．break   C．k = k + 1 D．k = k - 1

19．下列 Python 语句运行结果分别是（　　）。

```
for i in range(3):print(i, end=' ')
for i in range(2,5):print(i, end=' ')
```

  A．0 1 2 3 B．0 1 2 3 C．0 1 2 D．0 1 2
    2 3 4 5   2 3 4   2 3 4 5   2 3 4

20．若要编写一个判断输入数据是否为偶数的程序，可以在横线处填入（　　）。

```
x=int(input("请输入一个整数: "))
if(_____)==0:
    print("这个数是偶数")
```

  A．x%2   B．x//2   C．x/2   D．其他三个选项都不对

21．if 语句后面应该添加（　　）。

  A．分号   B．冒号   C．逗号   D．顿号

22．Python 提供了两种基本的循环结构语句，分别是（　　）。

  A．while 语句、for 语句   B．do 语句、for 语句

  C．do 语句、while 语句   D．if 语句、for 语句

23．若 k 为整型，则下述 while 循环执行的次数为（　　）。

```
k=1000
while k>1:
    print(k)
    k=k/2
```

  A．9   B．10   C．11   D．1000

二、编程题

1．设计一个程序实现倒三角的九九乘法表，并使用一个空格作为分隔符。样式如下。

  1*1=1 1*2=2 1*3=3 1*4=4 1*5=5 1*6=6 1*7=7 1*8=8 1*9=9

  ... ...

  ... ...

  ... ...

  8*8=64 8*9=72

  9*9=81

2．面试者的基本数据如表 3-2 所示。

表 3-2　面试者的基本数据

序号	年龄/岁	工作经验/年	所学专业
1	24	0	计算机
2	32	4	电子
3	36	8	电子
4	26	2	通信

分别输入每一位面试者的基本数据，判断其是否符合面试要求，满足下列面试条件中的一种即可。

（1）计算机专业，年龄小于 25 岁。

（2）电子专业，有 4 年以上工作经验。

满足面试要求的，输出"获得面试机会"；不满足面试要求的，输出"抱歉，您不符合面试要求"。

3．输入百分制成绩，输出相应的等级。90 分以上为 A，80～89 分为 B，70～79 分为 C，60～69 分为 D，60 分以下为 E。如果分数大于 100 或者小于 0，则输出"成绩有误"。

4．编写程序，输出 2000—3000 年之间所有的闰年。

5．编写程序，输出 0°～90°之间（包括端点）每隔 5°的角度值以及其正弦和余弦函数值。

6．利用"牛顿迭代法"求出 1～n 之间所有整数的算术平方根，并与 math 库中 sqrt() 函数的结果进行比较。

7．输入正整数 n，求 n 以内能被 17 整除的最大正整数。

8．编写程序，计算 $S = 1 + \dfrac{1}{3} - \dfrac{1}{5} + \dfrac{1}{7} - \dfrac{1}{9} + \cdots$ 的结果。

第 4 章　序列数据结构——列表与元组

列表与元组是 Python 中很重要的一种序列数据结构，本章重点介绍 Python 中的列表与元组及其操作方法。

4.1　列表与列表元素的访问

Python 中的列表（list）用来有序存放一组序列相关数据，以便后续对数据进行统一的处理。例如，可以用列表存放一次竞赛中所有选手的成绩，以便后期对选手进行排名和评奖；也可以用列表存放所有参加会议人员的信息，便于对参会人员统一安排会议座席、发放会议通知等。

4.1.1　列表的表示

在 Python 中，将一组数据放在一对方括号"[]"中即定义了一个列表。方括号中的每个数据称为元素，元素和元素之间用"，"隔开，元素的个数称为列表的长度。

例如，可以定义一个列表 scores 用来存放 5 位选手的成绩；也可以定义一个列表 names 存放这 5 位选手的名字。赋值语句如下。

```
scores=[98,96,95,94,92]
names=["萧峰","杨过","令狐冲","张无忌","郭靖"]
```

列表 scores 中的元素都是整数，names 中的元素都是字符串。Python 也支持列表存放不同类型的元素，下面的赋值语句就定义了一个列表 player1，存放一位选手的姓名和竞赛成绩。

```
player1=["萧峰",98]
```

Python 也允许列表充当元素。下面的赋值语句定义了一个列表 group1，并在该列表中又定义了两个列表用于存放两位选手的信息。

```
group1= [["萧峰",98],["杨过",96]]
```

也可以用以下方法定义一个包含列表元素的列表。

```
>>>player1=["萧峰",95]
>>>player2=["杨过",95]
>>>player3=["令狐冲",95]
>>>player4=["张无忌",94]
>>>player5=["郭靖",92]
>>>players=[ player1, player2, player3, player4, player5]
>>>players
[['萧峰',98], ['杨过',96], ['令狐冲',95], ['张无忌',94], ['郭靖',92] ]
```

列表的命名和普通变量命名的规则相同，但由于列表一般存储多个数据，一般采用复数形式。

4.1.2　元素的索引和访问

列表是通过索引来访问元素的，其语法格式如下：

列表名[索引]

和字符串一样，列表元素也有正向索引和反向索引两种方式。其中正向索引是从 0 开始，从左向右依次加 1 进行编号；反向索引是从-1 开始，从右向左依次减 1 进行编号。以下为参考语句：

```
>>>names=["张三", "李四", "王二", "赵六"]
>>>names[1]
'李四'
>>>names[-1]
'赵六'
```

【例 4-1】根据输入的数字输出对应的月份信息。例如，输入"6"，则输出"It's June."
【参考代码】

```
monthes=["January","February","March","April","May","June","July","August","September","October","November","December"]
m=int(input("请输入整数月份： "))
print("It's {}.".format(monthes[m-1]))
```

运算结果：

```
请输入整数月份：9
It's September.
```

4.2　列表元素的操作

列表中的元素都是有序存放的，因此可以直接通过索引来访问列表元素。

Python 中的列表除了有序性，还有一个很重要的特性：可改变，不仅列表中的元素值是可变的，列表中的元素个数也是可变的。因此，可以对列表中的元素进行修改、添加和删除操作。

4.2.1　修改元素

列表修改元素语法格式如下：

列表名[索引]=新值

例如：

```
>>>guests=["萧峰","杨过","张无忌","郭靖"]
>>>guests
['萧峰', '杨过', '张无忌', '郭靖']
>>>guests[-1]="黄蓉"
>>>guests
['萧峰', '杨过', '张无忌', '黄蓉']
```

从最后输出的 guests 列表内容来看，列表元素"郭靖"被成功地修改为"黄蓉"。

4.2.2　增加元素

Python 提供了以下几个常见的方法来实现在列表中增加元素的操作。

1. append()方法

append()方法是列表专属的方法之一，用来在指定的列表尾部（即当前最后一个元素的后面），追加指定新元素。具体的语法格式如下：

列表名.append（新元素）

例如：

```
>>>guests
['萧峰', '杨过', '令狐冲', '张无忌', '黄蓉' ]
>>>guests. append ("段誉")
>>>guests
['萧峰', '杨过', '令狐冲', '张无忌', '黄蓉', '段誉' ]
>>>len (quests)
6
>>>guests. append ("虚竹")
>>>guests
['萧峰', '杨过', '令狐冲', '张无忌', '黄蓉', '段誉', '虚竹' ]
>>>len (quests)
7
```

从上述代码及输出结果可以看出，append()方法在原列表最后一个元素"黄蓉"后面成功加入了"段誉"这个新元素，同时，guests 列表的长度增加至 6。再次使用 append()方法后，"段誉"后面又成功追加了"虚竹"这个新元素，guests 列表长度也随之增加至 7。

2. insert()方法

insert()方法与 append()方法最大的不同在于，insert()方法允许将新增加的元素插入指定的位置，其中位置用索引表示。具体的语法格式如下：

列表名. insert（索引,新元素）

例如：

```
>>>guests
['萧峰', '杨过', '令狐冲', '张无忌', '黄蓉', '段誉', '虚竹' ]
>>>guests. insert (0,"张三丰")
>>>guests
['张三丰', '萧峰', '杨过', '令狐冲', '张无忌', '黄蓉', '段誉', '虚竹' ]
>>>len (guests)
8
```

insert()方法将"张三丰"插入到索引 0 的位置，guests 列表中原来位于索引 0 及其后面的所有元素都向后移了一位，列表长度也增加了 1。

注意：append()方法固定在列表的尾部增加新元素，不会影响列表中原来各元素的位置和索引。

Python 中允许列表中元素的类型互不相同，所以列表每次增加的元素可以是任何类型的。例如：

```
>>>player1
['萧峰', 98]
>>>player1.append (100)
>>>player1
['萧峰', 98, 100]
>>>player1.insert (1, "男")
>>>player1
['萧峰', '男', 98, 100]
```

4.2.3 删除元素

1. del 命令

del 是 Python 内置的命令，用来删除指定的列表元素，语法格式如下：

del 列表[索引]

例如：

```
>>>guests
['张三丰', '萧峰', '杨过', '令狐冲', '张无忌', '黄蓉', '段誉', '虚竹']
>>>del guests[-3]
>>>guests
['张三丰', '萧峰', '杨过', '令狐冲', '张无忌', '段誉', '虚竹']
```

因为元素"黄蓉"靠近列表尾部，所以采用了反向索引。

除了内置命令 del，列表还提供了用于删除元素的 pop()方法和 remove()方法。两者的区别在于指定待删除元素的方式不同。

2. pop()方法

pop()方法通过指定索引从列表中删除对应的元素，并返回该元素，语法格式如下：

列表名.pop(索引)

例如：

```
>>>guests
['张三丰','萧峰','杨过','令狐冲','张无忌','黄蓉','段誉','虚竹']
>>>guests.pop(5)
'黄蓉'
>>>guests
['张三丰', '萧峰', '杨过', '令狐冲', '张无忌', '段誉', '虚竹']
```

对比 del 命令的执行结果，pop()方法不仅从列表中删除了指定的元素"黄蓉"，而且返回了被删除的元素。可以利用 pop()方法的这种特性来获取这个被删除的元素，以备后续使用。例如，下面的代码输出了删除操作的反馈信息。

```
>>>guests
['张三丰','萧峰','杨过','令狐冲','张无忌','黄蓉','段誉','虚竹']
>>>itemDel= guests.pop(5)
>>>print("元素"{}"已从列表中成功删除！".format(itemDel ) )
元素"黄蓉"已从列表中成功删除！
```

列表的 pop()方法通过指定索引来删除元素，当缺省指定索引时，将默认删除列表最末尾的元素。

例如：

```
>>>guests
['张三丰','萧峰','杨过','令狐冲','张无忌','黄蓉','段誉','虚竹']
>>>guests.pop()
"虚竹"
>>>guests
['张三丰','萧峰','杨过','令狐冲','张无忌','黄蓉','段誉']
```

3. remove()方法

del 命令和 pop()方法都是根据索引删除元素的，但是当列表元素很多的时候，索引就比较容易出错。

此时，可以使用 remove()方法直接指定待删除元素的值，语法格式如下：

列表.remove(元素值)

例如：

```
>>>guests
['张三丰','萧峰','杨过','令狐冲','黄蓉','段誉','虚竹']
>>>guests.remove("黄蓉")
>>>guests
['张三丰','萧峰','杨过','令狐冲','张无忌','段誉','虚竹']
```

但是列表中的元素是允许出现相同取值的，当列表中出现相同取值时 remove()方法删除的是列表中排在最前面的元素。例如：

```
>>>guests
['张三丰','萧峰','杨过','令狐冲','张无忌','黄蓉','段誉','虚竹','黄蓉']
>>>guests .remove("黄蓉")
>>>guests
['张三丰','萧峰','杨过','令狐冲','张无忌','段誉','虚竹','黄蓉']
```

上面这段代码的 guests 列表中出现了两个元素"黄蓉"。当使用 remove()方法直接指定删除元素"黄蓉"时，只有索引值较小的元素"黄蓉"被删除了。

注意：这里介绍的删除列表元素的方法和命令各有特点，适用于不同的操作需要。

（1）已知待删除元素的索引时，可使用 del 命令和 pop()方法，其中 pop()方法对于删除列表末尾的元素最为简单方便；在明确知道待删除元素值时，用 remove()方法更为简单。但值得注意的是，当列表中有多个待删除元素时，remove()方法只删除排在最前面的那个元素。

（2）与 del 命令和 remove()方法不同，pop()方法在删除元素的同时会"返回"被删除的元素值，如有需要可以赋值给一个变量，以便进行后续操作。

4.2.4 其他常用操作

1. len()函数

len()函数用来统计和返回列表的长度，语法格式如下：

len(列表)

例如：

```
>>>guests
['张三丰','萧峰','杨过','令狐冲','张无忌','段誉','虚竹']
>>>len(guests)
7
```

2. 运算符 in 和 not in

in 和 not in 被称为成员运算符，用来判断指定的元素是否在列表中。用 in 运算符时，如果元素在列表中则返回 True，否则返回 False。用 not in 运算符时，情况则与 in 运算符相反。二者的语法格式如下：

元素　in　列表
元素　not in　列表

例如：

```
>>>guests
['张三丰','萧峰','杨过','令狐冲','张无忌','段誉','虚竹']
```

```
>>>"萧峰" in guests
True
>>>"萧峰" not in guests
False
```

3. index()方法

index()方法用来在列表中查找指定的元素，如果存在则返回指定元素在列表中的索引；如果存在多个指定元素，则返回最小的索引值；如果不存在，会直接报错，语法格式如下：

列表.index(元素)

例如：

```
>>>guests
['张三丰', '萧峰', '杨过', '令狐冲', '张无忌', '段誉', '虚竹', '萧峰']
>>>guests.index("萧峰")
1
>>>guests.index("萧")
Traceback (most resent call last):
File "<pyshell#8>", line 1, in <module>
    guests.index("萧")
ValueError; '萧' is not in list
```

在上面代码的 guests 列表中有两个元素都是"萧峰"，使用 index()方法查找后，返回了第一个元素"萧峰"的索引。而在用 index()方法查找列表中不存在的元素"萧"时，系统出现了报错。

注意： index()方法在查找列表中不存在的元素时会引起系统报错，为了避免这种情况，可以预先确认下待查找的元素是否在列表中，具体有两种方法。

（1）使用成员运算符 in 或者 not in，通过返回值确认。

（2）使用 count()方法，通过元素个数是否为 0 确认。

4. count()方法

count()方法用来统计并返回列表中指定元素的个数，语法格式如下：

列表.count(元素)

例如：

```
>>>guests
['张三丰', '萧峰', '杨过', '令狐冲', '张无忌', '段誉', '虚竹', '萧峰']
>>>guests=["张三丰", "萧峰", "杨过", "令狐冲", "张无忌", "段誉", "虚竹", "萧峰"]
>>>guests.count("萧峰")
2
>>>guests.count("萧")
0
```

4.3　列表的操作

列表的操作主要包括遍历、排序、切片、扩充、复制、删除等。下面将分别进行介绍。

4.3.1　列表的遍历

遍历就是从头到尾地访问列表元素。若要实现通过遍历 guests 列表访问列表中每一位嘉宾的名字，生成格式统一的正式邀请函：

尊敬的××大侠，兹定于九月初九在华山之巅举办新一届的武林大会，诚邀您莅临，共襄盛会！

可以通过下面的语句段完成。

```
>>>guests
['张三丰','萧峰','杨过','令狐冲','张无忌','段誉','虚竹']
>>>print('尊敬的{}大侠，兹定于九月初九在华山之巅举办新一届的武林大会，诚邀您莅临，共襄盛会！".format(guests[0]))
>>>print("尊敬的{}大侠，兹定于九月初九在华山之巅举办新一届的武林大会，诚邀您莅临，共襄盛会！".format(guests[1]))
>>>print("尊敬的{}大侠，兹定于九月初九在华山之巅举办新一届的武林大会，诚邀您莅临，共襄盛会！".format(guests[2]))
>>>print("尊敬的{}大侠，兹定于九月初九在华山之巅举办新一届的武林大会，诚邀您莅临，共襄盛会！".format(guests[3]))
>>>print("尊敬的{}大侠，兹定于九月初九在华山之巅举办新一届的武林大会，诚邀您莅临，共襄盛会！".format(guests[4]))
>>>print("尊敬的{}大侠，兹定于九月初九在华山之巅举办新一届的武林大会，诚邀您莅临，共襄盛会！".format(guests[5]))
>>>print("尊敬的{}大侠，兹定于九月初九在华山之巅举办新一届的武林大会，诚邀您莅临，共襄盛会！".format(guests[6]))
```

上面的语句段虽然很直观，但其中重复的内容很多，每一条语句的差别之处只是 format() 函数中引用的元素。并且，随着列表元素的不断增加，语句段重复度会越来越高，既不便于书写阅读，又容易出现疏漏错误。因此可以采用函数和循环来实现。

1. 使用 range()函数

for 循环配合 range(n)函数，通过索引从 0～n-1 的变化来实现元素的遍历。

```
>>>guests
['张三丰', '萧峰', '杨过', '令狐冲', '张无忌', '段誉', '虚竹', '萧峰']
>>>for i in range (7):
    print("尊敬的{}大侠，兹定于九月初九在华山之巅举办新一届的武林大会，诚邀您莅临，共襄盛会！".format (guests [i]))
```

for 循环的使用大大减少了代码量，同时配合 range()函数，循环控制变量 i 依次取值 0、1、2、3、4、5、6，分别进入循环体执行一遍 print 语句，最后成功输出需要的邀请函信息。

2. 使用 for 循环直接访问

使用"for 元素 in 列表"的形式直接依次访问列表中每个元素。

```
>>>guests
['张三丰', '萧峰', '杨过', '令狐冲', '张无忌', '段誉', '虚竹', '萧峰']
>>>for item in guests:
    print ("尊敬的{}大侠，兹定于九月初九在华山之巅举办新一届的武林大会，诚邀您莅临，共襄盛会！".format (item))
```

执行上述代码也可以得到和使用 range()函数一样的结果。相比较而言，直接的元素遍历在使用上会更直观一些。但是当需要访问列表中部分元素时，range()函数可以通过参数的变化提供更为灵活的操作。

【例 4-2】警察抓了 A、B、C、D 四个偷窃嫌疑犯，其中只有一个人是真正的小偷，审问记录如下：

A 说："我不是小偷。"

B 说："C 是小偷。"

C 说："小偷肯定是 D。"

D 说："C 在冤枉人。"

已知四人中有三人说的是真话，一人说的是假话。请问到底谁是小偷？

【分析】可以采用"依次假设、逐个验证"的方法来解决问题。但是这个方法涉及了 5 个问题，问题及解决方法如下。

①如何表示 A、B、C、D 四个嫌疑犯？

定义一个字符型的 suspects 列表存放指代嫌疑人的'A' 'B' 'C' 'D'。

②如何表示"假设 A 是小偷"？

定义变量，指代小偷，x='A'表示"假设 A 是小偷"。

③如何表示审问记录中四个嫌疑人说的话？

可以使用 4 个逻辑表达式表示四个嫌疑人说的话。

x!='A'

x=='C'

x=='D'

x=!'D'

④如何表示"三句是真话，一句是假话"？

逻辑表达式如果成立则结果为 1，如果不成立则结果为 0。因此，如果嫌疑人说的话对应的 4 个逻辑表达式结果之和等于 3 就可以表示"三句是真话，一句是假话"。

⑤如何实现"依次假设"的过程？

"依次假设"指先假设 A 为小偷，再假设 B 为小偷……，以此类推。因此可以通过列表的元素遍历来实现。

【参考代码】

```
suspects=['A','B','C','D']
for x in suspects:
    if(x!='A')+(x=='C')+(x!='D')==3:
        print("小偷是：", x)
        break
```

运行结果是：

```
小偷是：C
```

4.3.2 列表的排序

1. sort()方法

sort()方法用于将列表元素从小到大按升序排列，语法格式如下：

列表.sort ()

例如：

```
>>>guests
['张三丰', '杨过','令狐冲','张无忌','段誉','虚竹']
```

```
>>>guests.sort()
>>>guests
['令狐冲','张三丰','张无忌','杨过','段誉','萧峰','虚竹']
```

在 Python 中，sort()方法是基于元素使用 ord()函数得到的编码值来进行排序的，它可以很容易地对数字和英文字符进行排序。但是处理中文的时候却有些复杂。因为中文通常需要根据拼音、笔画或者偏旁部首进行排序，这使得 sort()方法对中文的排序结果和预判结果会有偏差。将中文转换为对应标识后，sort()方法就完全按照英文字符的比较规则来进行升序排列。

```
>>>guestsPY= ["Linghch", "Zhangsf", "Zhangwj","Yangg", "Duany", "Xiaof", "Xuzh"]
>>>guestsPY.sort ()
>>>guestsPY
 ['Duany', 'Linghch', 'Xiaof', 'Xuzh', 'Yangg', 'Zhangsf', 'Zhangwj' ]
```

sort()方法不仅可以对列表元素进行升序排列，也可以进行降序排列，不过需要增加一个参数 reverse，语法格式如下：

列表.sort(reverse=True)   #reverse 取值为 False 的时候即为升序排列

例如：

```
>>>guestsPY= ["Linghch", "Zhangsf", "Zhangwj","Yangg", "Duany", "Xiaof", "Xuzh"]
>>>guestsPY.sort (reverse=True)
>>>guestsPY
 ['Zhangwj', 'Zhangsf', 'Yangg', 'Xuzh', 'Xiaof', 'Linghch','Duany']
```

2. sorted()函数

除了 sort()方法，Python 还提供了内置函数 sorted()对指定的列表进行排序，语法格式如下：

sorted(列表.reverse)

sorted()函数除了使用格式和 sort()方法有所不同，它们的工作原理也不同。sort()方法直接改变了原列表的元素顺序，而 sorted()函数只生成排序后的列表副本，不改变原列表中元素的排序。例如：

```
>>>guestsPY= ["Linghch", "Zhangsf", "Zhangwj","Yangg", "Duany", "Xiaof", "Xuzh"]
>>>sorted (guestsPY,reverse=False)          #reverse=False 可以缺省,则代表升序
['Duany', 'Linghch', 'Xiaof', 'Xuzh', "Yangg", "Zhangsf", "Zhangwj" ]
>>>guestsPY
['Linghch', 'Zhangsf', 'Zhangwj','Yangg', 'Duany', 'Xiaof', 'Xuzh']
```

从上述代码可以看出，sorted()函数完成了排序并输出了排序结果，但是结果并没有改变 guestsPY 列表中元素的顺序。

如果想保留 sorted()函数的排序结果，可以定义一个新列表来保存。例如：

```
>>>guestsPY= ["Linghch", "Zhangsf", "Zhangwj","Yangg", "Duany", "Xiaof", "Xuzh"]
>>>sortedguestsPY=sorted (guestsPY.reverse=False)
>>>sortedguestsPY
['Duany', 'Linghch', 'Xiaof', 'Xuzh', 'Yangg', 'Zhangsf', 'Zhangwj']
>>>guestsPY
['Linghch', 'Zhangsf', 'Zhangwj','Yangg', 'Duany', 'Xiaof', 'Xuzh']
```

注意：sort()方法和 sorted()函数都是用来对列表进行排序的，但它们的使用格式有所不同。其中 sort()方法是"原地排序"，排序结果会直接改变列表本身；而 sorted()函数为"非原地排序"，仅返回排序结果，不改变原列表。

4.3.3　列表的切片

如果需要对列表中的部分元素进行提取，可以使用列表的切片操作。和字符串切片操作类似，直接指定切片的起始索引就可以从列表中提取切片，语法格式如下：

列表[起始索引:终止索引]

这个操作表示提取列表中从"起始索引"对应的元素到"终止索引-1"对应的元素为止的元素作为切片。例如，guests[1:3]提取的是 guests 列表中索引 1～2 的两个元素。

```
>>>guests
['张三丰','萧峰','杨过','令狐冲','张无忌','段誉','虚竹']
>>>guests[1:3]
['萧峰','杨过']
>>>guests
['张三丰','萧峰','杨过','令狐冲','张无忌','段誉','虚竹']
```

和字符串切片类似，列表使用直接索引进行切片时有以下 4 点需注意。

（1）缺省"起始索引"时，切片默认从索引 0 开始。

（2）缺省"终止索引"时，切片默认到最后一个元素索引。

（3）同时缺省"起始索引"和"终止索引"时，切片默认取整个列表。

例如：

```
>>>guests
['张三丰','萧峰','杨过','令狐冲','张无忌','段誉','虚竹']
>>>guests[:5]
['张三丰','萧峰','杨过','令狐冲','张无忌']
>>>guests[3:]
['令狐冲','张无忌','段誉','虚竹']
>>>guests[:]
['张三丰','萧峰','杨过','令狐冲','张无忌','段誉','虚竹']
>>>guests[:-1]
['张三丰','萧峰','杨过','令狐冲','张无忌','段誉']
```

（4）缺省"终止索引"和"终止索引"取-1 时的区别。

进行列表切片时除了可以指定"起始索引"和"终止索引"，还可以指定切片提取元素的方式，语法格式如下：

列表[起始索引:终止索引:n]

这个操作表示从"起始索引"对应的元素开始，以"每隔 n 个元素提取 1 个元素"的方式进行切片，直到"终止索引"对应的元素为止。例如，guests[1:5:2]提取的是 guests[1]、guests[3]两个元素组成的切片。

例如：

```
>>>guests
['张三丰','萧峰','杨过','令狐冲','张无忌','段誉','虚竹']
>>>guests[1:5:2]
['萧峰','令狐冲']
```

这种指定了提取方式的切片操作有以下 3 点需注意。

（1）n 取值为 1 和缺省 n 的效果一样，表示提取"起始索引"对应的元素和"终止索引"

对应的元素之间的每一个元素组成切片。

（2）当"起始索引"大于"终止索引"，且 n 取负值时，表示逆向提取元素组成切片。

（3）同时缺省"起始索引"和"终止索引"，且 n 取值为-1 时，表示取列表逆序组成切片。

例如：

```
>>>guests
['张三丰', '萧峰', '杨过', '令狐冲', '张无忌', '段誉', '虚竹']
>>>guests[5:1:-2]
['段誉','令狐冲']
>>>guests[::-1]
['虚竹', '段誉', '张无忌', '令狐冲', '杨过', '萧峰', '张三丰']
```

4.3.4　列表的扩充

1. "+"运算

列表的加运算是指将两个列表连接起来。

例如：

```
>>>guests
['张三丰', '萧峰', '杨过', '令狐冲', '张无忌', '段誉', '虚竹']
>>>ls
['李秋水', '郭襄', '赵敏', '任盈盈', '袁紫衣']
>>>guests+ls
['张三丰', '萧峰','杨过', '令狐冲', '张无忌', '段誉', '虚竹','李秋水', '郭襄', '赵敏', '任盈盈', '袁紫衣']
>>>guests
['张三丰', '萧峰','杨过', '令狐冲', '张无忌', '段誉', '虚竹']
>>>ls
['李秋水', '郭襄', '赵敏', '任盈盈', '袁紫衣']
```

从代码的执行结果来看，"+"运算的确将两个列表进行了连接，生成了一个新列表，但是参与运算的两个列表 guests 和 ls 本身都没有发生变化。

可以定义一个新列表通过赋值语句将连接后的结果保存下来，也可以通过赋值语句直接用连接结果去改写 guests 列表。

例如：

```
guests = guests+ls
```

2. extend()方法

列表的 extend()方法可以直接将新的列表添加到 guests 列表的后面，语法格式如下：

列表.extend(新列表)

例如：

```
>>>guests
['张三丰','萧峰','杨过','令狐冲','段誉','虚竹']
>>>ls
['李秋水','郭襄','赵敏','任盈盈','袁紫衣']
>>>guests.extend(ls)
>>>guests
['张三丰','萧峰','杨过','令狐冲','张无忌','段誉','虚竹','李秋水','郭襄','赵敏','任盈盈','袁紫衣']
>>>ls
```

['李秋水','郭襄','赵敏','任盈盈','袁紫衣']

3. "*"运算

列表的乘运算是指将列表中的元素重复多遍，语法格式如下：

列表*n   #n 为整数，表示元素重复的次数

例如：

>>>guests

['张三丰','萧峰','杨过','令狐冲','张无忌','段誉','虚竹']

>>>guests*3

['张三丰','萧峰','杨过','令狐冲','张无忌','段誉','虚竹', '张三丰','萧峰','杨过','令狐冲','张无忌','段誉','虚竹', '张三丰','萧峰','杨过','令狐冲','张无忌','段誉','虚竹']

与"+"运算类似，如果不用赋值语句将结果赋值给具体列表，"*"运算的结果仅会显示一次，不会被保存。

4.3.5 列表的复制

1. 利用切片实现复制

使用切片操作实现列表的复制，具体示例如下：

>>>guests

['张三丰','萧峰','杨过','令狐冲','张无忌','段誉','虚竹','李秋水','郭襄','赵敏','任盈盈','袁紫衣']

>>>guestsCopy=guests(:)

>>>guestsCopy

['张三丰','萧峰','杨过','令狐冲','张无忌','段誉','虚竹','李秋水','郭襄','赵敏','任盈盈','袁紫衣']

2. 利用 copy()方法实现复制

使用 copy()方法实现列表的复制，具体示例如下：

>>>guests

['张三丰','萧峰','杨过','令狐冲','张无忌','段誉','虚竹','李秋水','郭襄','赵敏','任盈盈','袁紫衣']

>>>guestsCopy =guest.copy()

>>>guestsCopy

['张三丰','萧峰','杨过','令狐冲','张无忌','段誉','虚竹','李秋水','郭襄','赵敏','任盈盈','袁紫衣']

3. 利用列表的赋值实现复制

列表的赋值有"深拷贝"和"浅拷贝"两种，具体示例如下：

>>>guests

['张三丰','萧峰','杨过','令狐冲','张无忌','段誉','虚竹','李秋水','郭襄','赵敏','任盈盈','袁紫衣']

>>>guests1 = guests

>>>guests1

['张三丰','萧峰','杨过','令狐冲','张无忌','段誉','虚竹','李秋水','郭襄','赵敏','任盈盈','袁紫衣']

>>>guestsCopy=guests.copy()

>>>guestsCopy

['张三丰','萧峰','杨过','令狐冲','张无忌','段誉','虚竹','李秋水','郭襄','赵敏','任盈盈','袁紫衣']

其中使用copy()方法复制出的新列表guestsCopy和用赋值得到的新列表guests1是不同的。copy()方法会生成一份原列表的备份，并将该备份赋值给新列表，这种方式称为"深拷贝"，具体的过程如图4-1所示。

guests

| 张三丰 | 萧峰 | 杨过 | …… | 袁紫衣 |

guestsCopy = guests.copy()

guestsCopy

| 张三丰 | 萧峰 | 杨过 | …… | 袁紫衣 |

图 4-1　使用 copy()方法进行列表"深拷贝"

而列表的赋值，仅仅是让原列表多了一个新名字，所谓的"新列表"和原列表共享原列表的内容，这种方式被称为"浅拷贝"，具体的过程如图 4-2 所示。

guests1 = guests

图 4-2　使用直接赋值进行列表"浅拷贝"

"深拷贝"和"浅拷贝"的本质区别在于新列表是否是独立的列表，"深拷贝"后的"新列表"独立拥有原列表的一个备份，其后期的所有操作都独立于原列表；"浅拷贝"后的"新列表"其实和原列表共享元素，只是为列表赋予了一个新名字，其后所有的操作都是在原列表上完成的，会直接修改原列表的元素。

"浅拷贝"由于两个列表名共享一个列表，会使得操作出现意想不到的结果，甚至在完成某些特殊的操作后会出现严重的系统问题。因此，建议尽量少用。如果需要复制一个新的列表，建议采用切片或者 copy()方法来完成。

4.3.6　列表的删除

del 命令可以删除指定的元素，配合列表的切片，del 命令也可以同时删除多个甚至所有元素。例如：

```
>>>guests
['张三丰','萧峰','杨过','令狐冲','张无忌','段誉','虚竹']
>>>del guests[2:4]
>>>guests
['张三丰','萧峰','张无忌','段誉','虚竹']
>>>del guests[:]                                    #清空列表
>>>guests
[]
```
del 命令还可以删除整个列表，语法格式如下：
del 列表名

例如：

```
>>>guests
['张三丰','萧峰','杨过','令狐冲','张无忌','段誉','虚竹']
>>>del guests
>>>guests
Traceback(most recent call last):
     File "<pyshell#22>",line 1,in <module>
               guests
NameError:name 'guests' is not defined
```

4.4　数值列表的操作

4.4.1　创建数值列表

数值列表存放了一组数值型数据，Python 中一般通过以下 2 种方法创建数值列表。

1. 通过 input ()函数输入

下面的示例是通过 input()函数输入数值列表[1,2,3,4,5,6,7,8,9,10]。

```
>>>lnum=input("请输入一个数值列表：\n")
请输入一个数值列表：
[1,2,3,4,5,6,7,8,9,10]
>>>lnum
'[1,2,3,4,5,6,7,8,9,10]'
>>>type(lnum)
<class 'str'>
```

在上述代码中，从 lnum 的输出结果来看，lnum 接收的不是一个列表，而是一个字符串。这是因为 input()函数只能返回字符串类型的对象。针对这种情况，需要使用 eval()函数来进行转换。

例如：

```
>>>lnum = eval(input("请输入一个数值列表：\n")
   请输入一个数值列表：
[1,2,3,4,5,6,7,8,9,10]
>>>lnum
[1, 2, 3, 4, 5, 6, 7, 8, 9, 10]
>>>type(lnum)
<class 'list'>
```

此处，eval()函数将 input()函数从输入设备获取的字符串"[1,2,3,4,5,6,7,8,9,10]"的引号去掉，返回引号中的内容，即列表[1,2,3,4,5,6,7,8,9,10]，并赋值给 lnum。

2. 通过 list()函数转换

先通过 range()函数生成数值，再通过 list()函数将生成的数值转换成一个列表。

例如：

```
>>>lnum=list(range(1,11))
>>>lnum
[1,2,3,4,5,6,7,8,9,10]
>>>type(lnum)
<class 'list'>
```

list()函数可以通过配置有不同参数的 range()函数生成多种数值列表。它不仅可以将 range()函数生成的数值转换成列表，也可以将字符串转换成列表。

4.4.2　列表生成式创建列表

range()函数也可以配合 for 循环生成多种数值列表。下面的代码就是用 range()函数和 for 循环创建了一个由 1~10 这 10 个数的平方值组成的数值列表。

```
>>>lnum = [ ]
>>>for i in range(1,11):
        lnum.append(i**2)
>>>lnum
[1, 4, 9, 16, 25, 36, 49, 64, 81, 100]
```

Python 提供的列表生成式，可以将上述代码合并成一段，并实现相同的功能。

例如：

```
>>>lnum = [i**2 for i in range(1,11)]
>>>lnum
 [1, 4,9,16, 25, 36, 49, 64, 81, 100}
```

列表生成式将 range()函数生成的数按照指定表达式运算后的值作为元素来创建数值列表。语法格式如下：

列表= [循环变量相关表达式 for 循环变量 in range( )函数]

其中，有两点需要注意：

（1）"循环变量相关表达式"指包含了循环变量的各种运算。

（2）"for 循环变量 in range()函数"指定了循环变量的变化区间和方式。

4.4.3　简单的统计计算函数

Python 为数值列表提供了几个内置的函数，通过这些函数可以进行简单的数学统计计算。

（1）求最小值的 min()函数。

（2）求最大值的 max()函数。

（3）求和的 sum()函数。

【例 4-3】从键盘输入 10 位学生的考试成绩，统计并输出其中的最高分、最低分和平均分。

【分析】使用 max()函数和 min()函数可以直接得到最高分和最低分，但是没有函数可以直接求出平均分，因此可以使用 sum()函数求出总分后除以人数求得平均分。

【参考代码】

```
Score = eval(input("请输入十个学生的分数列表\n"))
maxScore = max(Score)
minScore = min(Score)
aveScore = sum(Score)/len(Score)
print("这次考试的最高分是{}，最低分是{}，平均分是{}。\n".format(maxScore,minScore,aveScore))
```

运行结果：

```
请输入十个学生的分数列表
[89,78,65,99,87,92,78,63,77,90]
这次考试的最高分是 99，最低分是 63，平均分是 81.8。
```

4.5 元 组

Python 中的元组与列表类似，也是用来存放一组相关的数据。两者的不同之处主要有两点：

（1）元组使用圆括号()，列表使用方括号[]。

（2）元组的元素不能修改，列表的元素可以修改。

可以将元组理解为不能修改的列表，用来存放多个相关的、但不能被修改的数据。因为元组的元素不能修改，所以列表中修改元素的操作均不能用于元组，除此以外，元组的操作和列表基本一致。

4.5.1 元组的定义

元组是用来存放一组相关的数据的，在表示元组的时候，将元素放置在"()"中。因此，定义元组最直接的方法就是将多个元素用","隔开放在一对"()"中。

例如：

```
>>>tupScores = (98, 96, 95, 94,92)
>>>tupPlay1 = ("萧峰","男",98)
```

除了上述方法，不带"()"的多个数据用","隔开也可以用来定义元组。

例如：

```
>>>tupScores = 98, 96, 95, 94, 92
>>>tupScores
(98, 96, 95, 94, 93)
>>>type(tupScores)
<class 'tuples'>
```

注意：当定义的元组只有 1 个元素时，一定要在该元组后写一个","，否则，系统会将其视为单个数据。

例如：

```
>>>tupNames=("萧峰",)
>>>tupNames
('萧峰',)
>>>type(tupNames)
<class 'tuple'>
>>>tupNames=("萧峰")
>>>tupNames
'萧峰'
>>>type(tupNames)
<class 'str'>
```

从上面的程序可以看出，当元组只有 1 个元素"萧峰"时，如果元素后不带","系统将其视作单个的字符串；在元素后加上","后，就正确定义了一个元组，"萧峰"成为 tupName 元组中的一个元素。

4.5.2 元组的操作

元组是一种特殊的列表,除元素不能修改,其他特点都和列表类似。因此,为了便于理解和记忆,下面通过一张表格来比较列表和元组操作的异同点,如表 4-1 所示。

表 4-1 列表和元组操作的异同点

操作	列表	元组
读元素	√	√
写元素	√	×
append()方法	√	×
insert()方法	√	×
pop()方法	√	×
del 命令	√	只支持删除整个元组
remove()方法	√	×
len()函数	√	√
in 运算	√	√
not in 运算	√	√
index()方法	√	√
count()方法	√	√
遍历元素	√	√
sort()方法	√	×
sorted()函数	√	排序结果为列表
切片	√	√
+运算	√	√
*运算	√	√
extend()方法	√	√
copy()方法	√	√
赋值	√	√
max()函数	适用于数值列表	适用于数值元组
min()函数	适用于数值列表	适用于数值元组
sum()函数	适用于数值列表	适用于数值元组

4.5.3 元组充当列表元素

元组也可以充当列表元素,因为列表元素的类型是不受限制的。
例如:

```
>>>group1=[("萧峰",98),("杨过",96)]
>>>group1[0]
```

```
('萧峰',98)
>>>group1[0][0]
'萧峰'
```

完成定义后，访问 group1 列表索引为 0 元素，得到的是元组元素（'萧峰',98）。

如果想访问元素（"萧峰",98）中的"萧峰"，就需要再加一个针对元组的索引，使用 group1[0][0]的方式就可以访问"萧峰"。

由于元组元素不能修改，因此可以通过一个新的元组元素赋值来替换原来的元组元素，实现元组元素的修改。

例如：

```
>>>group1
[('萧峰',98),('杨过',96)]
>>>group1[0]=("萧峰",92)
>>>group1
[('萧峰',92),('杨过',96)]
```

4.6　类型的转换

1. 元组与列表之间的转换

用 tuple()函数来将列表转换为元组，用 list()函数来将元组转换为列表。

例如：

```
>>>tupPlay1=("萧峰","男",98)
>>>tupPlay1
('萧峰','男',98)
>>>ListPlay1=list(tupPlay1)
>>>ListPlay1
['萧峰','男',98]
>>>ListScores=[98,96,95,94,92]
>>>ListScores
[98,96,95,94,92]
>>>TupScores=tuple(ListScores)
>>>TupScores
(98,96,95,94,92)
```

2. 字符串与列表之间的转换

如果使用 list()函数将字符串换成列表，那么转换后字符串中的单个字符将依次成为列表元素。

例如：

```
>>>name="张三丰,萧峰"
>>>guests=list(name)
>>>guests
['张','三','丰',',','萧','峰']
```

上述代码中，字符串经过 list()函数转换后，其中的元素被拆分为单个字符，成为列表元素。同时原字符串中用来分隔每个名字的逗号也单独成为列表元素。

同样，如果有英文句子"I want to be split by space."，通过 list()函数转换成列表后，会生成以单字母成为元素的列表。

例如：

```
>>>sentence="I want to be split by space."
>>>sentenceList=list(sentence)
>>>sentenceList
['I','w','a','n','t','t','o','b','e','s','p','l','i','t','b','y','s','p','a','c','e','.']
```

3. split()方法

split()方法是处理字符串的方法，可以用来根据指定的分隔符拆分字符串并生成列表，语法格式如下：

列表=字符串.split(分隔符)

例如：

```
>>>sentence
'I want to be split by spaces.'
>>>name
'张三丰,萧峰'
>>>sentenceList = sentence. split ()
>>>sentenceList
['I', 'want', ' to', ' be', 'split', 'by', 'space'.]
>>>guests= name .split(',')
>>>guests
['张三丰','萧峰']
```

若分隔符缺省，则默认按照空格拆分字符串。

split()方法提供了一种更为科学的途径将字符串拆分并生成列表，在文本处理和分析中会经常使用这种方法。

4.7 综合应用实例

列表作为 Python 中一种重要的数据结构，在很多场合都会用到，本节将给出几个应用实例帮助读者进一步熟悉列表的应用。

【例 4-4】筛选法求素数。

【分析】筛选法求素数是通过验证"是否能被已知素数整除"的方法在指定范围内筛选出素数。以筛选 300 以内的素数为例，其筛选步骤可分解如下：

（1）将 300 以内的整数均标记为"素数"。

（2）将不是素数的 1 标记为"非素数"。

（3）将能被素数 2 整除的所有数标记为"非素数"。

（4）找到下一个素数，将能被其整除的所有数标记为"非素数"。重复该操作，直到找到最后一个素数。

（5）输出所有被标记为"素数"的数，完成筛选。

进一步分析上述各步骤，300 以内的整数是连续变化的，这和列表的索引是一致的。所以，可以尝试定义一个长度为 300 的列表，将其索引对应 300 以内的整数（索引 0 不使用）。定义完后，"素数"或"非素数"的标记就可以通过索引来体现。而每一次"找到下一个素数，将能被其整除的数标记为"非素数"的操作就可以通过列表的遍历来实现了。

【参考代码】

```
primes=[1]*300
primes[0:2]=[0,0]
for i in range(2,300):
    if primes[i]==1:
        for j in range(i+1,300):
            if primes[j]!=0 and j%i==0:
                primes[j]=0
print("300 以内的素数包括：")
for i in range(2,300):
    if primes[i]:
        print(i,end='    ')
```

【例 4-5】为了监督饮食质量，食堂向学生发起了一次简短的问卷调查。请大家在"非常满意""满意""一般""不满意"中选择一个评语评价食堂当天的饮食。最后食堂回收了 88 份问卷，并将所有的评语都汇总成了一个字符串，字符串如下：

不满意,一般,很满意,一般,不满意,很满意,一般,一般,不满意,满意,满意,满意,满意,一般,很满意,一般,满意,不满意,一般,不满意,满意,很满意,不满意,满意,满意,很满意,一般,很满意,满意,很满意,不满意,满意,一般,很满意,不满,一般,很满意,满意,很满意,不满意,很满意,不满意,不满意,满意,很满意,很满意,一般,不满意,满意,满意,很满意,不满意,很满意,满意,很满意,满意,很满意,很满意,不满意,满意,满意,一般,很满意,满意,很满意,很满意,不满意,不满意,一般,很满意,满意,满意,一般,很满意,不满意,不满意,很满意,很满意,满意,很满意,满意,很满意,很满意,不满意,满意,满意

请编写程序，利用列表统计各个评语出现的次数，并找出出现次数最多的评语。

【分析】本题要求统计出每个评语出现的次数并求最大值，可以使用 count()方法和 max()函数来实现，但是要注意以下 2 个问题。

（1）题目给出的是汇总后的评语字符串，需要先转换成列表，而且是按照"词"转换而不是按照"字"转换。所以这里需要使用 split()方法根据","来拆分字符串转换成列表。

（2）转换成列表后可以很方便地完成统计和求最大值，但是最大值求出来的是评语出现次数，如何根据这个次数再找出对应的评语呢？可以考虑定义一个存放四个评语的列表，根据索引对应解决这个问题。

【参考代码】

```
comments=["不满意","一般","满意","很满意"]
result= "不满意,一般,很满意,一般,不满意,很满意,一般,一般,"\
    "不满意,满意,满意,满意,满意,满意,一般,很满意,一般,满意,"\
    "不满意,满意,一般,不满意,满意,很满意,不满意,满意,满意,很满意,"\
    "一般,很满意,满意,很满意,满意,满意,一般,很满意,不满,"\
    "一般,很满意,满意,很满意,不满意,很满意,不满意,不满意,"\
    "满意,很满意,很满意,一般,不满意,满意,满意,很满意,不满意,"\
    "很满意,满意,很满意,满意,很满意,很满意,不满意,满意,满意,"\
    "一般,很满意,满意,很满意,很满意,不满意,不满意,"\
    "一般,很满意,满意,满意,一般,很满意,不满意,不满意,很满意,"\
```

"很满意,满意,很满意,满意,很满意,很满意,不满意,满意,满意"

```
resultList=result.split(",")
commentCnts=[0]*4
for i in range(4):
    commentCnts[i]=resultList.count(comments[i])
most=max(commentCnts)
mostComment=comments[commentCnts.index(most)]
print("根据统计，对今天伙食感觉：")
print("'很满意'的学生{}人；".format(commentCnts[3]))
print("'满意'的学生{}人；".format(commentCnts[2]))
print("'一般'的学生{}人；".format(commentCnts[1]))
print("'不满意'的学生{}人；".format(commentCnts[0]))
print("调查结果中，出现次数最多的评语是",mostComment,sep=' ')
```

运行结果：

根据统计，对今天伙食感觉：
'很满意'的学生 28 人；
'满意'的学生 27 人；
'一般'的学生 14 人；
'不满意"的学生 18 人；
调查结果中，出现次数最多的评语是很满意

程序中定义了一个列表 comments 存放四种评语，又定义了一个 commentCnts 列表用来存放 comments 中对应的每一个评语出现的次数。

comments 和 commentCnts 这两个列表通过索引建立了元素之间一一对应的关系，即 comments[i]评语对应的统计结果存放在了 commentCnts[i]中。

【例 4-6】编写一个程序，模拟掷两个骰子 100000 次，统计各点数出现的概率。

【分析】模拟掷骰子是个典型的随机数生成问题，但是模拟掷两个骰子是生成一个 2～12 的随机数呢，还是生成两个 1～6 的随机数呢？

虽然掷两个骰子得到的点数范围为 2～12，但是点数 2 和 12 出现的机会肯定比点数 7 出现的机会要少，也就是说掷两个骰子时点数 2～12 出现的概率是不一样的。而如果直接生成一个 2～12 的随机数，则每个数出现的概率都是相等的，很明显，这和实际情况是不相符的。

为了模拟实际情况，应该选择生成两个 1～6 的随机数，通过求和来模拟掷两个骰子得到的点数。

【参考代码】

```
from random import *

faces = [0]*13
for i in range(100000 ):
    face1 = randint(1,6)
    face2 = randint(1,6)
    faces[face1+face2]+=1

print("模拟掷两个骰子 100000 次结果如下：")
for i in range(2,13):
```

```
        rate = faces[i] / 100000
        print("点数{}共出现了{}次".format(i,faces[i]),end="，")
        print("出现概率{:.2%}".format(rate))
```

运行结果如下：

```
模拟掷两个骰子100000次结果如下：
点数2共出现了2832次，出现概率2.83%
点数3共出现了5484次，出现概率5.48%
点数4共出现了8287次，出现概率8.29%
点数5共出现了10986次，出现概率10.99%
点数6共出现了14056次，出现概率14.06%
点数7共出现了16577次，出现概率16.58%
点数8共出现了13921次，出现概率13.92%
点数9共出现了11066次，出现概率11.07%
点数10共出现了8551次，出现概率8.55%
点数11共出现了5527次，出现概率5.53%
点数12共出现了2713次，出现概率2.71%
```

程序中定义了一个 faces 列表，其索引对应点数，元素用来统计该点数出现的次数。因为点数 0 和 1 在本次模拟中是不可能出现的，所以通过 range()函数的参数设定直接排除了这两个点数。

【例 4-7】某餐厅推出了优惠下午茶套餐活动。顾客可以从指定的糕点和饮料中各选一款组成套餐并以优惠的价格买到它。已知，指定的糕点包括松饼、提拉米苏、芝士蛋糕和三明治；指定的饮料包括红茶、咖啡和橙汁。请问，一共可以搭配出多少种套餐供客户选择？请打印输出各种套餐详情。

【分析】这是一个简单的配对问题，只需要从糕点中依次取出一个和饮料中每一个进行配对即可。分别定义一个存放糕点和存放饮料的列表，通过嵌套的 for 循环完成两个列表的遍历和元素配对，从而解决问题。

【参考代码】

```
snacks=["松饼","提拉米苏","芝士蛋糕","三明治"]
drinks=["红茶","咖啡","橙汁"]

menus=[]
for snack in snacks:
    for drink in drinks:
        menu=(snack,drink)
        menus.append(menu)

print("优惠下午茶可提供的搭配套餐如下：")
for menu in menus:
    print(menu)
```

运行结果如下：

```
优惠下午茶可提供的搭配套餐如下：
('松饼', '红茶')
('松饼', '咖啡')
('松饼', '橙汁')
```

```
('提拉米苏', '红茶')
('提拉米苏', '咖啡')
('提拉米苏', '橙汁')
('芝士蛋糕', '红茶')
('芝士蛋糕', '咖啡')
('芝士蛋糕', '橙汁')
('三明治', '红茶')
('三明治', '咖啡')
('三明治', '橙汁')
```

代码中定义了一个空的列表 menus，准备存放搭配好的所有套餐。嵌套的 for 循环将每次循环配对的糕点和饮料定义成元组，并作为元素追加到列表 menus 中。

列表 menus 通过遍历 snacks 列表和 drinks 列表，将每一对元素组合成元组，也可以用列表生成式来替换 for 循环的嵌套结构。下面是替换后的程序。

```
#用列表生成式为优惠下午茶搭配套餐
snacks=["松饼","提拉米苏","芝士蛋糕","三明治"]
drinks=["红茶","咖啡","橙汁"]

menus=[(snack,drink) for snack in snacks for drink in drinks]
print("优惠下午茶可提供的搭配套餐如下：")
for menu in menus:
    print(menu)
```

替换后的程序代码量减少，程序的可读性也提高了。这就是 Python 简洁和优雅的一种体现。

本 章 小 结

本章介绍的列表、元组和前面章节学习的字符串都属于 Python 的一种基本数据类型序列。序列的最大特点就是元素的有序性，所以序列都是通过序号索引来访问元素的。序列分为可变序列和不可变序列，元组和字符串都是不可变序列。

所有序列都支持一些通用的操作，包括元素访问、序列遍历、in/not in 运算、"+"运算、"*"运算、序列切片、元素查找、数值元素的基本数学统计等。

除通用操作之外，列表这个可变序列还支持元素的增、删、改操作，以及列表的拷贝、反序和原地排序操作。此外，列表生成式也是列表很重要的一个操作，灵活地使用列表生成式可以进一步简化程序、提高程序的可读性。

课 后 习 题

一、单选题

1. 下列关于序列类型描述错误的是（　　）。
   A．序列类型是由一组元素组成的
   B．序列类型各元素之间存在关系

　　C．通过下标可以访问序列中某个特定的值

　　D．Python 中列表是唯一的序列类型

2．下列关于列表描述错误的是（　　）。

　　A．列表没有长度限制，直接用 list()函数会返回一个长度为 1 的列表

　　B．列表中元素类型可以不同，列表使用非常灵活

　　C．列表属于序列类型

　　D．列表之间的比较是根据各个单项逐个比较的

3．任意长度的 Python 列表、元组和字符串中最后一个元素的下标为（　　）。

　　A．-1　　　　　　　B．0　　　　　　　C．1　　　　　　　D．不确定

4．假设列表对象 aList 的值为[3,4,5,6,7,9,11,13,15,17]，那么切片 aList[3:7]的值是（　　）。

　　A．[3,4,5,6,7,9,11,13,15,17]　　　　　B．[5,6,7,9,11,13]

　　C．[6,7,9,11,13]　　　　　　　　　　　D．[6,7,9,11]

5．使用切片操作在列表对象 x 的开始处增加一个元素 3 的代码为（　　）。

　　A．x[0:0]=[3]　　　　　　　　　　　　B．x[0:1]=[3]

　　C．x[1:1]=[3]　　　　　　　　　　　　D．其他三个选项都不对

6．表达式[1,2,3]*3 的值为（　　）。

　　A．[1, 2, 3]　　　　　　　　　　　　　B．[3, 6, 9]

　　C．[1, 2, 3]，[1, 2, 3]　　　　　　　　D．[1, 2, 3, 1, 2, 3, 1, 2, 3]

7．表达式[3] in [1, 2, 3, 4]的值为（　　）。

　　A．3　　　　　　　B．False　　　　　　C．True　　　　　　D．4

8．已知列表 x=[1, 2, 3, 4]，那么执行语句 del x[1]之后 x 的值为（　　）。

　　A．[1, 3, 4]　　　　B．[2, 3, 4]　　　　C．[1, 2, 3]　　　　D．其他三个选项都不对

9．已知 x=[3]，那么执行 x+=[5]之后 x 的值为（　　）。

　　A．[3]　　　　　　B．[5]　　　　　　　C．[8]　　　　　　　D．[3, 5]

10．已知列表 x 中包含超过 5 个以上的元素，那么表达式 x==x[:5]+x[5:]的值为（　　）。

　　A．True　　　　　　　　　　　　　　　B．False

　　C．[5, 5]　　　　　　　　　　　　　　　D．其他三个选项都不对

11．表达式(1,)+(2,)的值为（　　）。

　　A．3　　　　　　　B．(1, 2)　　　　　　C．(3)　　　　　　　D．(12)

12．表达式[1, 2]+[3]的值为（　　）。

　　A．[4, 5]　　　　　B．[1, 2, 3]　　　　　C．True　　　　　　D．False

13．表达式 list(str([3, 4])) ==[3, 4]的值为（　　）。

　　A．True　　　　　　B．False　　　　　　C．3　　　　　　　　D．4

14．表达式(1,2,3)*3 的值为（　　）。

　　A．(1,2,3,1,2,3,1,2,3)　　　　　　　　B．(1,2,3)(1,2,3)(1,2,3)

　　C．(3,6,9)　　　　　　　　　　　　　　D．出错

15．对于序列 s，以下能够返回序列 s 中第 i 到 j 以 k 为步长的元素子序列的选项是（　　）。

　　A．s[i, j, k]　　　　　　　　　　　　　B．s[i; j; k]

　　C．s[i:j:k]　　　　　　　　　　　　　　D．s(i, j, k)

16. 已知 ls 为列表，对语句 ls.append(x)的描述正确的是（　　）。

    A．向 ls 中增加元素，如果 x 是一个列表，则可以同时增加多个元素

    B．只能向列表 ls 最后增加一个元素 x

    C．向列表 ls 最前面增加一个元素 x

    D．替换列表 ls 最后一个元素为 x

17. 已知 ls 为列表，以下对语句 ls.reverse()描述正确的是（　　）。

    A．将 ls 中元素逆序，返回一个新列表

    B．将 ls 中元素逆序，更新列表 ls

    C．将 ls 中可以比较的元素进行逆序处理

    D．如果 ls 为空，则产生一个异常

18. 以下能够实现向列表 ls 中增加五个元素的操作是（　　）。

    A．ls.append([1,2,3,4,5])　　　　　　B．ls.append(1,2,3,4,5)

    C．ls += 1,2,3,4,5　　　　　　　　　　D．ls.insert(1,2,3,4,5)

19. （　　）能显示出一个列表[0,2,4,6,8]。

    A．range(1,9,2)　　　　　　　　　　　B．list(range(1,9,2))

    C．range(0,10,2)　　　　　　　　　　　D．list(range(0,10,2))

20. 下面（　　）的数据类型是元组。

    A．(-50,)　　　　　B．list('a','b','c')　　　C．(-100)　　　D．[1,2,('c','d')]

二、编程题

1. 已知有列表 ls=[54,36,75,28,50]，请根据要求编程完成以下操作。

（1）在列表尾部插入元素 42。

（2）在元素 28 前面插入元素 66。

（3）删除并输出元素 66。

（4）将列表按降序排序。

（5）清空整个列表。

2. 使用列表生成式生成列表，元素为 100 以内所有能被 3 整除的数。

3. 根据表 4-2 创建列表，并完成如下操作。

（1）计算十年平均录取率。

（2）找出录取率最高的年份。

表 4-2　十年高考录取率

年份	2006 年	2007 年	2008 年	2009 年	2010 年	2011 年	2012 年	2013 年	2014 年	2015 年
录取率	57%	56%	57%	62%	69%	72%	75%	76%	74.3%	74%

4. 输入一句英文句子，并求其中最长单词的长度。

注意：可以使用 split()方法将英文句子中的单词分离出来存入列表后处理。

5. 创建长度为 20 的列表，其元素为 1000～5000 以内的随机整数。编写程序找出列表中不能被 10 以内素数整除的元素。

注意：10 以内的素数可以考虑用元组保存。

6. 用嵌套的列表存储运动会报名表（表 4-3），并编程完成如下操作。

（1）求报名项目超过两项（含两项）的学生人数。

（2）输出女生的报名情况。

（3）输出所有报名 3000m 的学生姓名和性别。

表 4-3　运动会报名表

姓名	性别	100m	3000m	跳远	跳高
王平	男	√	√		
李丽	女		√		√
陈小梅	女			√	
孙洪涛	男		√	√	√
方亮	男	√		√	

注意：存储时，可用 1 表示报名，0 表示未报名。

第 5 章　序列数据结构——字典与集合

前面学习的列表元组可根据需要存储任意类型、任意个数的一组数据，并且可以通过索引方便地访问任意一个元素，但是有的时候，索引访问的方式不太直观。本章将学习 Python 中的字典与集合的相关知识。

5.1　字典的创建与访问

字典是一类特殊的序列数据结构，本节主要介绍如何创建和访问字典。

5.1.1　创建字典

地理课上老师介绍了国土面积排名前九的国家（表 5-1），为了便于课后复习，需要将它存入电脑，以便随时查询。

表 5-1　国土面积排名前九的国家

国家	国土面积/万平方千米
俄罗斯	1709.82
加拿大	998
中国	960
美国	937
巴西	854.01
澳大利亚	769.2
印度	298
阿根廷	278.04
哈萨克斯坦	272.49

注：表中信息源于中华人民共和国外交部官网，其中中国数据源于中国政府网，数据摘取时间为 2024 年 7 月。

表 5-1 中有国家名，也有国土面积，但是如何存储和表达它们的对应关系？Python 中的字典就可以用来存储和表示这种对应关系，其中每一对"国家名和国土面积"被称为字典的条目。在一个条目中，国家名决定了国土面积的值，因此前者称为"键"，而后者称为"值"。

1. 直接创建字典

将若干组"键值对"放在一对大括号"{}"中即可直接创建一个字典，语法格式如下：

{键 1:值 1,键 2:值 2,…}

定义一个字典 dicAreas 用来存放国土面积排名前三的国家及其国土面积信息。

例如：

>>>dicAreas={"俄罗斯":1709.82,"加拿大":998,"中国":960}

```
>>>dicAreas
{'俄罗斯':1709.82,'加拿大':998,'中国':960}
>>>type(dicAreas)
<class 'dict'>
```

字典对象 dicAreas 就是以国家名为键、国土面积为值存放两者的对应关系。

字典就是通过"键值对"的形式存储数据映射关系的一种数据结构，而创建字典的过程就是创建键与值之间的关联。

2. 使用内置函数 dict()创建字典

Python 支持使用内置函数 dict()将一组双元素序列转换为字典。

例如：

```
>>>items=[("俄罗斯":1709.82),("加拿大":998),("中国":960)]
>>>dicAreas=dict(items)
>>>dicAreas
{'俄罗斯':1709.82,'加拿大':998,'中国':960}
```

dict()函数将用列表存储的一组双元素元组转换成字典，其中元组索引为 0 的元素充当键，索引为 1 的元素充当值。存储双元素的可以是元组，也可以是列表，但是一定只能包含两个元素，否则创建字典将会失败。

在创建字典时，关于条目的键与值有以下两点需要特别注意。

（1）键具有唯一性，字典中不允许出现相同的键，但是不同的键允许对应相同的值。对照 dictAreas 字典，如果同一个国家对应两个国土面积，就会引起歧义，但是不同的国家拥有一样的国土面积却是有可能的。

例如：

```
>>>items=[("俄罗斯":1709.82),("加拿大":998),("中国":960),("俄罗斯":1709.82)]
>>>dicAreas=dict(items)
>>>dicAreas
{'俄罗斯':1709.82,'加拿大':998,'中国':960}
```

上述代码中用来生成字典的列表中出现了两个关于"俄罗斯"的元组，最终只能将其中一个转换为条目保存在字典中。

（2）字典中的键必须是不可变的类型，一般是字符串、数字或元组；值可以是任何数据类型。例如，可以通过如下语句重新定义 dicAreas 字典，为国家对应的值增加"首都"这个子元素。

```
>>>dicAreas={"俄罗斯":[1709.82, "莫斯科"], "加拿大":[998, "渥太华"], "中国":[960, "北京"]}
>>>dicAreas
{ '俄罗斯':[1709.82, '莫斯科'], '加拿大':[998, '渥太华'], '中国':[960, '北京']}
```

为了更好地表达值与键的对应关系，上述代码中将面积与首都都放在了列表中，该列表中的每个元素都和键指定的国家相关。但是如果将列表作为键，系统就会报错。因为列表是可变的数据类型，不能充当键。

例如：

```
>>>dicAreas={[1709.82, "莫斯科"]: "俄罗斯",[998, "渥太华"]: "加拿大",[960, "北京"]: "中国"}
Traceback (most recent call last):
    File "<pyshell#18>",line 1,in <module>
        dicAreas={[1709.82, "莫斯科"]: "俄罗斯",[998, "渥太华"]: "加拿大",[960, "北京"]: "中国"}
```

TypeError:unhashable type:'list'

如果在字典的定义中需要使用多个子元素联合充当键，则可以用元组来实现。

5.1.2 访问字典

字典没有索引，只能通过键访问条目，键是字典的索引，访问字典是指通过键访问条目的值，如果通过一个不存在的键访问字典，系统会报错。访问字典的语法格式如下：

字典名[键]

例如：

```
>>>dicAreas
{'俄罗斯':1709.82,'加拿大':998,'中国':960}
>>>dicAreas ["中国"]
960
>>>dicAreas ["美国"]
Traceback (most recent call last):
  File "<pyshell#4>",line 1,in <module>
    dicAreas ["美国"]
    KeyError:'美国'
```

如果要访问的字典中的值是个序列，可以进一步通过"[索引]"的方式访问值序列中的子元素。

例如：

```
>>>dicAreas
{"俄罗斯":[1709.82, "莫斯科"],"加拿大":[998, "渥太华"], "中国":[960, "北京"]}
>>>dicAreas ["中国"]
[960, '北京']
>>>dicAreas ["中国"][0]
960
```

注意：字典只提供键到值的单向访问，不能通过值反向访问键的内容。

5.2 字典的基本操作

字典存放的是数据与数据之间的映射关系，对应的条目是"键值对"，其操作主要牵涉键和值两个部分。

5.2.1 空字典

创建字典可以先定义一个空字典，然后根据需要添加条目。

定义空字典即将一对空的大括号"{}"赋给字典变量。然后在"空白"字典的基础上，进行添加条目、修改条目等基本操作。

1. 添加条目

添加条目可以通过赋值语句完成值与键的映射，语法格式如下：

字典名[键]=值

例如：

```
>>>dicAreas={}
```

```
>>>dicAreas
{}
>>>dicAreas ["俄罗斯"]=1709.82
>>>dicAreas ["加拿大"]=991.7
>>>dicAreas ["中国"]=960
>>>dicAreas
{'俄罗斯':1709.82,'加拿大':998,'中国':960}
```

2. 修改条目

在添加条目的时候如果出错就需要修改条目，对应的语句和添加条目操作一样，语法格式如下：

字典名[键]=值

在修改条目时，指定的键必须对应已存在的条目。

例如：

```
>>>dicAreas
('俄罗斯':1709.82, '加拿大':991.7,'中国':960)
>>>dicAreas["加拿大"] = 998
>>>dicAreas
('俄罗斯':1709.82,'加拿大':998,'中国':960)
```

从添加条目和修改条目的示例代码中可以看出，赋值语句“字典名[键]=值”是一个双重操作，当指定的键不存在时，执行的是添加条目的操作；存在时就执行修改条目的操作。

注意：修改条目实质上是修改与键关联的值，而具有唯一性的键是不可以被修改的。键一旦被写入字典，除非随着条目一起被删除，否则始终保持不变。

5.2.2　删除字典条目

当不再需要字典中的条目时，就需要进行删除操作。Python 提供了多种命令和方法来实现字典中条目的删除，都是通过键来指定要删除的条目。

1. 使用 del 命令删除指定字典条目

del 命令语法格式如下：

del 字典名[键]

例如：

```
>>>dicAreas
{'俄罗斯':1709.82, '加拿大' :991.7, '中国': 960}
>>>del dicAreas["加拿大"]
>>>dicAreas
{'俄罗斯':1709.82,'中国': 960}
```

2. 使用 pop()方法删除指定字典条目

pop()方法语法格式如下：

字典名.pop(键,默认值)

字典的 pop()方法与列表中的类似，在删除键对应条目时也会返回一个值。如果键不存在，则弹出默认值。例如：

```
>>dicAreas
{'俄罗斯':1709.82, '加拿大':991.7, '中国': 960}
```

```
>>>area=dicAreas.pop["加拿大"]
>>>area
991.7
```

注意：（1）当不确定指定的键在字典中是否存在时，需要给出默认值，否则删除字典中不存在的条目时系统会报错。

例如：

```
>>>area=dicAreas.pop("美国","找不到要删除的条目")
>>>area
'找不到要删除的条目'

>>>area=dicAreas.pop("美国")
Traceback (most recent call last)：
    File"<python 11#10>", line 1. in <module>
area= dicAreas.pop. ("美国")
KeyError:'美国'
```

（2）使用 pop()方法时，至少要包含一个用于指定键的参数，如果参数都缺省，则系统会报错。

例如：

```
>>>area=dicAreas.pop()
Traceback (most recent call last)：
    File"<python 11#42>", line 1. in <module>
        dicAreas.pop()
TypeError: pop expected at least 1 arguments,got 0
```

3. 使用 popitem()方法随机删除字典条目

popitem()方法语法格式如下：

字典名.popitem()

pop()方法是根据指定的键删除条目并返回值，而 popitem()方法是一个无参方法，不能指定要删除的条目，它直接随机删除并返回某个完整的条目。删除的条目以元组的形式返回，默认返回最后一个添加进字典的条目。

例如：

```
>>>dicAreas
{'俄罗斯':1709.82, '加拿大': 991.7, '中国': 960}
>>>item = dicAreas.popitem()
>>>item
("中国", 960)
>>>type(item)
<class "tuple">
```

4. 用 clear()方法清空字典条目

clear()方法语法格式如下：

字典名.clear()

如果希望删除字典中的所有条目，可以执行多次 del 命令，或者多次调用 pop()方法和 popitem()方法，也可以直接调用 clear()方法一次性清空字典。

例如：

```
>>dicAreas
{'俄罗斯':1709.82, '中国':960}
>>>dicAreas.clear()
>>>dicAreas
{}
>>>type(dicAreas)
<class 'dict'>
```

clear()方法虽然删除了字典中的所有条目，但它依然是一个字典（只不过是一个空字典）。后续可以继续采用添加条目的方式向其中增加新的内容。

5. 直接删除整个字典

删除字典语法格式如下：

del 字典名

"del 字典名"操作会直接删除字典本身，即从内存中注销掉该字典对象。

例如：

```
>>>dicAreas
{'俄罗斯': 1709.82, '加拿大': 990.7, '中国': 960}
>>>del dicAreas
>>>dicAreas
Traceback (most recent call last):
    File "<pyshe11#17>",line 1, in <module>
            dicAreas
NameError: name 'dicAreas' is not defined
```

从示例中可以看出，当执行了"del dicAreas"操作后，系统中标识符 dicAreas 就已经不存在了，再访问 dicAreas 就会引发系统报错"name 'dicAreas' is not defined"。

5.2.3 查找字典条目

1. 成员运算符 in

运算符 in 语法格式如下：

键 in 字典

在查找对应条目前可以先使用 in 运算符确认指定的键是否存在，如果存在，则运算结果为 True；如果不存在，则运算结果为 False。

例如：

```
>>>dicAreas
('俄罗斯': 1709.82, '加拿大': 990.7, '中国': 960)
>>>"中国" in dicAreas
True
>>>"美国" in dicAreas
False
```

2. get()方法

get()方法按照指定的键访问字典中对应条目的值，如果指定的键在字典中不存在，则返回默认值，语法格式如下：

字典名.get(键,默认值)

例如：

```
>>>dicAreas
{"俄罗斯": 1709.82, "加拿大": 990.7, "中国": 960}
>>>dicAreas.get("俄罗斯")
1709.82
>>>dicAreas.get("巴西","未知")
'未知'
>>>dicAreas.get("美国")
```

例子中 get()方法指定键为"巴西"时，由于字典中并不存在对应的键，所以系统返回了给定的默认值"未知"。而当 get()方法指定键为"美国"时，字典中不存在对应的键，方法中也没有给出默认值，则系统执行语句但不返回任何信息。

【例 5-1】统计英文句子"Life is short,we need Python."中各字符出现的次数。

【分析】该问题可以转换为求句中的字符和其出现次数之间的映射关系，结果可以用一个字典保存。可以按照如下的思路来求解这个存放映射关系的字典。

（1）定义字符串 sentence，存放英文句子；定义空字典 counts，存放结果。

（2）遍历字符串 sentence，如果当前字符在字典 counts 中不存在，说明第一次碰到该字符，执行语句"counts[字符]=1"，将"字符:1"写入字典 counts 中；如果当前字符在字典 counts 中存在，说明不是第一次出现，应该在已有次数的基础上再加 1，即执行语句"counts[字符]=counts[字符]+1"。

【参考代码 1】

```
sentence="Life is short,we need Python."
sentence= sentence.lower()              #将句中字符都统一成小写

counts={}
for c in sentence:
    if c in counts:
        counts[c]=counts[c]+1
    else:
        counts[c]=1

print(counts)
```

运行结果：

```
{'l': 1, 'i': 2, 'f': 1, 'e': 4, ' ': 5, 's': 2, 'h': 2, 'o': 2, 'r': 1, 't': 2, ',': 1, 'w': 1, 'n': 2, 'd': 1, 'p': 1, 'y': 1, '.': 1}
```

大写的"L"和小写的"l"被当作同一个字符进行统计，程序中通过字符串的 lower()方法将句中字符都先统一成了小写。

程序的核心代码是 if 结构，它表示了遍历字符串时当前字符的计数规则：如果已经出现过，在原来计数上再加 1；如果还没出现过，就从 1 开始计数。在这个规则中"如果还没出现过"也可以理解成该字符原来计数为 0，此时可以用 get()方法来求解字典 counts。

如果用 get()方法来改写程序，则代码如下。

【参考代码 2】

```
sentence="Life is short,we need Python."
sentence= sentence.lower()              #将句中字符都统一成小写

counts={}
```

```
for c in sentence:
    counts[c]=counts.get(c,0)+1

print(counts)
```
运行结果：

{'l': 1, 'i': 2, 'f': 1, 'e': 4, ' ': 5, 's': 2, 'h': 2, 'o': 2, 'r': 1, 't': 2, ',': 1, 'w': 1, 'n': 2, 'd': 1, 'p': 1, 'y': 1, '.': 1}

5.3　字典的整体操作

5.3.1　字典的遍历

和其他序列的遍历类似，字典的遍历也是通过 for 循环来实现。

1. keys()方法

通过 keys()方法可以用来返回字典中所有的键，如果配合 for 循环一起使用就可以遍历字典中每一个键。

例如：

```
>>>dicAreas
{'俄罗斯': 1709.82, '加拿大': 998, '中国': 960}
>>>for key in dicAreas.keys():
        print (key)
俄罗斯
加拿大
中国

>>>for key in dicAreas.keys():
        print ( key, dicAreas [key] )
俄罗斯  1709.82
加拿大  998
中国  960
```

通过 keys()方法遍历字典中所有的键，再通过键与值的映射访问对应的值，可以遍历字典中所有的条目信息。

2. values()方法

与 keys( )方法相对应，字典也提供了一个用来返回字典中所有值的方法 values()。同样地，values( )方法配合 for 循环一起使用就可以遍历字典中所有的值。

例如：

```
>>>dicAreas
{'俄罗斯': 1709.82, '加拿大': 998, '中国': 960}
>>>for value in dicAreas. values ( ) :
    print ( value )
1709.82
998
960
```

借助 values()方法虽然可以遍历字典中所有的值，但是不能通过值映射到对应的键，因而无法遍历字典中完整的条目信息。

3. items()方法

字典的 items()方法能以"(键：值)"的元组形式返回所有的条目。

例如：

```
>>>dicAreas
{ '俄罗斯': 1709.82, '加拿大': 998, '中国': 960 }
>>>for item in dicAreas.items() :
        print (item)
( '俄罗斯' : 1709.82 )
( '加拿大' : 998 )
( '中国 ' : 960 )
```

可以通过 items()方法分别获取对应条目的键和值。

例如：

```
>>>for k, v in dicAreas. items ( ) :
        print ( " { }的面积是{ } 万平方千米。". format ( k, v ) )
俄罗斯的面积是 1709.82 万平方千米。
加拿大的面积是 998 万平方千米。
中国的面积是 960 万平方千米。
```

从上述代码中可以看出，通过 items()方法遍历得到的每个条目都对应一个元组。对于得到的元组，既可以整体访问，也可以分别访问其对应的键和值。

5.3.2　字典的排序

字典只能使用键来访问其映射的值，不能使用索引来访问字典的条目。那么字典怎么实现排序呢？严格地说，字典是不支持排序的，人们只能将字典里的条目按照人们所希望的顺序进行显示，这可以使用内置函数 sorted()来实现。

中文的排序由于编码的问题会很复杂，因此用国家名的英文来处理 dicAreas 字典的排序问题。

例如：

```
>>>dicAreas=("Russia":1709.82,"Canada":998,"China":960)
>>>sorted(dicAreas)
['Canada','China','Russia']
>>>dicAreas
{'Russia':1709.82,'Canada':998,'China':960}
>>>dicAreas.sort()
Traceback (most recent call nast)
    File "<pyshell#38>",line1,in<module>
        dicAreas.sort()
AttributeError:'dict'object has no attribute 'sort.'
```

注意： 内置函数 sorted()将字典 dicAreas 中的键按照字母顺序排列成有序的列表，但是字典 dicAreas 本身的值并没有改变。当试图对字典使用 sort()方法时，系统会报错，这从侧面说明了字典是不支持对条目进行排序的。

sorted()函数可以将字典的键排序并以列表的形式返回，例 5-2 可以实现按照键的升序输出字典 dicAreas 的条目。

【例 5-2】按照国家名的升序输出 Russia、Canada 和 China 三个国家和对应的国土面积。

【参考代码】

```
dicAreas={'Russia':1709.82,'Canada':998,'China':960}
ls=sorted(dicAreas)

for country in ls:
        print (country,dicAreas[country])
```

运行结果：

```
Canada 998
China 960
Russia 1709.82
```

【例 5-3】按照国土面积的升序输出 Russia、Canada 和 China 三个国家和对应的国土面积。

【分析】根据前面学到的知识，字典是不能通过值访问键的，所以利用例 5-2 的方式，可以按照以下思路来解题。

（1）通过字典的 items()方法可以得到一个列表，列表元素是形如"(国家名,面积)"的元组。

（2）将列表中每一个元组从"(国家名,面积)"改为"(面积,国家名)"。

（3）对改造后的列表升序排列，并还原成"(国家名,面积)"的形式输出。

给定的思路有多种实现方式，下面的参考代码使用的是简洁的列表生成式。

【参考代码】

```
dicAreas={'Russia':1709.82,'Canada':998,'China':960}

#使用列表生成器生成(面积,国家)元组构成的列表
lsVK=[(v, k) for k, v in dicAreas. items()]

#对新列表按照面积升序排列
lsVK.sort()

#使用列表生成器生成(国家,面积)元组构成的列表
lsKV=[(k, v) for v, k in lsVK]
print(lsKV)
```

运行结果：

```
[('China', 960), ('Canada', 998), ('Russia', 1709.82)]
```

5.3.3　字典的合并

实现将两个字典合并成一个字典的操作有以下 4 种方法。

1. 使用 for 循环

通过 for 循环遍历字典将其中的条目逐条添加到另一个字典中。

例如：

```
>>>dicAreas
{'俄罗斯':1709.82, '加拿大':998, '中国':960}
```

```
>>>dicOthers
{'美国':937, '巴西':854.01}
>>>for k, v in dicOthers.items():
        dicAreas [k]=v
>>>dicAreas
{'俄罗斯': 1709.82, '加拿大': 998, '中国': 960, '美国': 937, '巴西': 854.01}
>>>dicOthers
{'美国': 937, '巴西':854.01}
```

上述代码中的 for 循环使用两个变量 k 和 v 分别遍历 dicOthers 字典中各条目的键和值，并将其逐个添加到 dicAreas 字典中。

2. 使用字典的 update()方法

update()是字典内置的方法，用来将参数字典合并到调用方法的字典中，语法格式如下：

字典名.update(参数字典名)

例如：

```
>>>dicAreas
{'俄罗斯':1709.82, '加拿大': 998, '中国':960}
>>>dicOthers
{'美国':937, '巴西':854.01}
>>>dicAreas.updte(dicOthers)
>>>dicAreas
{'俄罗斯': 1709.82, '加拿大':998, '中国': 960, '美国': 937, '巴西': 854.01}
>>>dicOthers
{'美国': 937, '巴西': 854.01}
```

update()方法以更为简洁的方式实现了字典与字典的合并。

注意：update()方法更新的是调用方法的字典，作为参数的字典内容是不会发生变化的。

3. 使用 dict()函数

dict()函数可以将一组双元素序列转换为字典。

例如：

```
>>>dicAreas
{'俄罗斯': 1709.82, '加拿大':998, '中国':960}
>>>dicOthers
{'美国':937, '巴西':854.01}
>>>ls=list(dicAreas.items()) + list(dicOthers.items())
>>>dicAreas=dict(ls)
  {'俄罗斯': 1709.82, '加拿大':998, '中国': 960, '美国': 937, '巴西': 854.01}
>>>dicOthers
{'美国': 937, '巴西': 854.01}
```

根据上述代码，在合并两个字典时，需要先将两个字典条目对应的所有双元素元组合并成一个列表，然后再使用 dict()函数将合并后的列表转换成字典。

从操作上来看，这个合并过程没有任何问题，但是对应的代码却太过复杂、容易出错。事实上，Python 提供了 dict()函数的另一种用法，能更方便地完成字典合并操作。

4. 使用 dict()函数的另一种形式

```
>>>dicAreas
{'俄罗斯':1709.82, '加拿大':998, '中国':960}
>>>dicOthers
```

```
{'美国':937, '巴西':854.01}
>>>dicAreas=dict(dictAreas,**dicOthers)
>>>dicAreas
 {'俄罗斯': 1709.82, '加拿大':998, '中国': 960, '美国': 937, '巴西': 854.01}
>>>dicOthers
{'美国': 937, '巴西': 854.01}
```

以上 4 种方法从不同角度完成了两个字典的合并，实现将字典 dicOthers 中的条目合并到字典 dicAreas 中，也可以将两个字典合并存放在一个新的字典中。

注意：一般来说参加合并的两个字典的键是互不相同的，如果两个字典中出现了相同的键，那么合并以后只有一组包含该键的条目被保留下来。

【例 5-4】地理课上除了介绍各个国家的国土面积信息，还介绍了各国的首都，假设俄罗斯、加拿大、中国、美国、巴西五国的首都信息已经保存到字典 dicCapitals 中，编写程序将字典 dicAreas 和字典 dicCapitals 合并成一个新的字典 dicCountries，并输出这 5 个国家的首都和国土面积信息。

【分析】从题目的要求来看，这是一个合并操作，但这个合并要求和前面提到的 4 种方式又有所不同，这里的合并不会增加条目数，而是合并两个字典中相同键对应的值，将原来两个 1 对 1 的映射关系合并为一个 1 对 2 的映射关系，如图 5-1 所示。这可以通过循环遍历来完成。

国家名	面积/万平方千米
俄罗斯	1709.82
加拿大	998
中国	960
美国	937
巴西	854.01

国家名	首都
俄罗斯	莫斯科
加拿大	渥太华
中国	北京
美国	华盛顿
巴西	巴西利亚

合并

国家名	面积/万平方千米	首都
俄罗斯	1709.82	莫斯科
加拿大	998	渥太华
中国	960	北京
美国	937	华盛顿
巴西	854.7	巴西利亚

图 5-1　合并示意图

【参考代码】

```
dicAreas={"俄罗斯": 1709.82, "加拿大":998,"中国": 960,"美国": 937,"巴西": 854.01}
dicCapitals={"俄罗斯":"莫斯科", "加拿大":"渥太华","中国":"北京","美国":"华盛顿","巴西":"巴西利亚"}
dicCountries={}
for key in dicAreas.keys():
    dicCountries[key]=[ dicAreas[key], dicCapitals[key]]
for item in dicCountries.items():
    print(item)
```

运行结果：

```
('俄罗斯', [1709.82, '莫斯科'])
('加拿大', [998, '渥太华'])
('中国', [960, '北京'])
('美国', [937, '华盛顿'])
('巴西', [854.01, '巴西利亚'])
```

程序通过 for 循环遍历已知字典中的键，将两个字典中相同键对应的两个值合并成一个列表，并将该列表作为新字典中对应键的值。

5.4 集　合

Python 中的集合和数学集合的概念很类似，被用来存放一组无序且互不相同的元素。同时，组成集合的元素必须是不可变类型。

集合除了支持数学中集合的运算，还可以用来进行关系测试和消除重复元素。

5.4.1 集合的创建与访问

1. 直接创建集合

集合的创建和字典的创建有些相似，都是直接将元素放在一对大括号 "{}" 中，语法格式如下：

{元素 1,元素 2,…}

集合中元素必须是不可变的，元素与元素之间也要保证互不相同。

例如：

```
>>>set1={6,3,7,3}
>>>set1
{3,6,7}
>>>set2={(1,2),(3,4)}
>>>set2
{(1,2),(3,4)}
>>>set3={[1,2],[3,4]}
Traceback (most recent call last):
    File "<pyshell#24>",line 1,in <module>
        set3={[1,2],[3,4]}
TypeError: unhashable type: 'list'
```

上述代码在创建集合 set1 时包含了重复的元素 "3"，完成创建后，集合中只保留了一个，同时对包含的元素进行了排序。在创建集合 set3 时使用了列表作为元素，由于列表元素是可变的，就引起了系统报错。

2. 使用 set()函数创建集合

Python 的内置函数 set()用来将序列转换为集合，在转换过程中只会保留一个重复的元素。

例如：

```
>>>s1=set("Hello,world")
>>>s1
{'d', 'o', 'w', 'H', ',', 'e', 'r', 'l'}
```

```
>>>s2=set([1,2,4,2,1,5])
>>>s2
{1,2,4,5}
>>>s3=set(1231)
Traceback (most recent call last):
    File "<pyshell&37>",line 1,in <module>
        s3=set(1231)
TypeError:'int'object is not iterable
```

上述代码中，集合 s1 是由字符串去重后转换来的，集合 s2 是由列表去重后转换来的。set() 函数可以用来实现字符串或列表的去重操作。但是将一个整数通过 set() 函数转换成集合 s3 时系统会报错。

3. 创建空集合

空集是数学上常用的一个概念，Python 可以直接创建空集合，但是不能用一对空括号"{}"创建，而是要用不带参数的 set()函数。

例如：

```
>>>s2=set()
>>>type(s2)
<class 'set'>
>>>s1={}
>>>type(s1)
<class 'dict'>
```

从上述代码中可以看出，一对空括号"{}"创建的是个空字典，只有不带参数的 set()函数才能创建空集合。

4. 集合的访问

集合中的元素是无序的，集合也没有键和值的概念，所以集合元素的访问可以通过集合名整体输出，或者通过 for 循环实现元素遍历。

【例 5-5】生成 20 个 0～20 之间的随机数并输出其中互不相同的数。

【分析】随机数的产生需要调用 randint()函数。生成的 20 个随机数可以先用列表保存，然后通过 set()函数去除重复项。

【参考代码】

```
import random

ls=[]
for i in range(20):
    ls.append(random.randint(0,20))

s=set(ls)

print("生成的 20 个 0～20 随机数为：")
print(ls)

print("其中出现的数有：")
print(s)
```

运算结果：

生成的 20 个 0～20 随机数为：

[10, 0, 6, 5, 10, 6, 2, 15, 2, 2, 9, 17, 8, 5, 14, 20, 15, 7, 20, 5]

其中出现的数有：

{0, 2, 5, 6, 7, 8, 9, 10, 14, 15, 17, 20}

5.4.2 集合的基本操作

集合的操作相对较简单，表 5-2 对常见的集合元素操作做了归纳。

表 5-2 常见的集合元素操作

功能	函数或方法	描述
添加元素	S.add(item)	将参数 item 作为元素添加到集合 S 中，如果 item 是序列，则将其作为一个元素整体加入集合 *参数 item 只能是不可变的数据
	S.update(items)	将参数序列 items 中的元素拆分去重后加入集合 *参数序列 items 可以是可变数据
删除元素	S.remove(item)	将指定元素 item 从集合 S 中删除。如果元素 item 不存在，系统将报错
	S.discard(item)	将指定元素 item 从集合 S 中删除。如果元素 item 不存在，系统正常执行，无任何输出
	S.pop()	从集合 S 中随机删除并返回一个元素
	S.clear()	清空集合中所有的元素
成员判断	item in S	判断元素 item 是否在集合 S 中。若在，返回 True；若不在，则返回 False

例如，添加元素：

```
>>>S={1,2,3}
>>>S.add((2,3,4))
>>>S
{1,2,3,(2,3,4)}
>>>S.add({2,3,4})
Traceback(most recent call last):
    File"<pyshell#45>",line 1,in<module>
        S.add({2,3,4})
TypeError:unhashable type:'set'
>>>S={1,2,3}
>>>S.update({2,3,4})
>>>S
{1,2,3,4}
```

删除元素：

```
>>>S={1,2,3,4}
>>>s.remove(5)
Traceback(most recent call last):
    File"<pyshell#31>",line 1,in<module>
```

```
            S.remove(5)
KeyError:5
>>>S={1,2,3,4}
>>>S.discard(5)
>>>S
{1,2,3,4}
>>>S={1,2,3,4}
>>>item=S.pop()
>>>print("刚删除了元素：",item)
刚删除了元素：1
>>>S={1,2,3,4}
>>>S.clear()
>>>S
set()
```

5.4.3　集合的数学运算

针对常见的集合运算，Python 提供了一系列对应的方法。表 5-3 以集合 A={1,2,3,4,5}和集合 B={4,5,6,7,8}为例给出了 Python 中常见的集合运算符与方法的简单示例。

表 5-3　Python 中常见的集合运算符与方法

功能	运算符	方法
求并集	A|B	A.union(B)
	>>>A|B {1,2,3,4,5,6,7,8} >>>A {1,2,3,4,5} >>>B {4,5,6,7,8}	>>> A.union(B) {1,2,3,4,5,6,7,8} >>>A {1,2,3,4,5} >>>B {4,5,6,7,8}
求交集	A&B	A.intersection(B)
	>>>A&B {4,5} >>>A {1,2,3,4,5} >>>B {4,5,6,7,8}	>>> A.interesction(B) {4,5} >>>A {1,2,3,4,5} >>>B {4,5,6,7,8}
求差集	A-B	A.difference(B)
	>>>A-B {1,2,3} >>>A {1,2,3,4,5} >>>B {4,5,6,7,8}	>>>A.difference(B) {1,2,3} >>>A {1,2,3,4,5} >>>B {4,5,6,7,8}

续表

功能	运算符	方法
求对称差集	A^B	A.symmetric_difference(B)
	>>>A^B {1,2,3,6,7,8} >>>A {1,2,3,4,5} >>>B {4,5,6,7,8}	>> A.symmetric_difference(B) {1,2,3,6,7,8} >>>A {1,2,3,4,5} >>>B {4,5,6,7,8}

【例 5-6】IEEE 和 TIOBE 是两大热门编程语言排行榜。截至 2018 年 12 月，IEEE 榜排名前五的编程语言分别是 Python、C++、C、Java 和 C#；TIOBE 榜排名前五的编程语言是 Java、C、Python、C++、VB.NET。请编写程序求出。

（1）上榜的所有语言。

（2）在两个榜单中同时排名前五的语言。

（3）只在 IEEE 榜排名前五而没有在 TIOBE 排名前五的语言。

（4）只在一个榜单排名前五的语言。

【分析】两个榜单排名前五的语言可以用两个集合来存放，那么题目所求的几个问题的结果就分别对应集合的并集、交集、差集、对称差集了。

【参考代码】

```
setI={' Python','C++','C', 'Java', 'C#' }
setT={'Java','C','Python', 'C++', 'VB.NET' }

print ("IEEE 排行榜前五的编程语言有：")
print (setI)

print ("TIOBE 排行榜前五的编程语言有：")
print (setT)

print("上榜的所有语言有：")
print(setI | setT)

print ("在两个榜单中同时排名前五的语言有：")
print(setI & setT)

print ("只在 IEEE 榜排名前五而没有在 TIOBE 排名前五的语言有：")
print (setI-setT)

print("只在一个榜单排名前五的语言有：")
print(setI^setT)
```

运行结果：

```
IEEE 排行榜前五的编程语言有：
{' Python', 'C', 'Java', 'C#', 'C++'}
TIOBE 排行榜前五的编程语言有：
```

{'VB . NET', 'C', 'Python', 'Java', 'C++'}
上榜的所有语言有：
{'VB . NET', 'C', 'Python', 'Java', 'C#', 'C++'}
在两个榜单中同时排名前五的语言有：
{'Java', 'C', 'C++', 'Python'}
只在 IEEE 榜排名前五而没有在 TIOBE 排名前五的语言有：
{'C#'}
只在一个榜单排名前五的语言有：
{'VB.NET', 'C#'}

5.5　综合应用实例

【**例 5-7**】学生基本信息如表 5-4 所示，请编写程序分别统计学生中男、女生的人数，并查找所有年龄超过 18 岁的学生的姓名。

表 5-4　学生基本信息表

姓名	性别	年龄/岁
张三	男	18
李四	女	19
王二	女	20
赵六	男	18
丁克	女	19
程一	女	17

【**分析**】信息表中每一行储存的是和姓名有关的个人信息，可以考虑用字典存储。其中，姓名作为键，性别和年龄可以以元组的形式充当值。然后，通过字典的遍历完成统计和查询。

【**参考代码**】

```
dicStus={"张三":("男",18),"李四":("女",19),"王二":("女",20),"赵六":("男",18),"丁克":("女",19),"程一":("女",17)}

cnts={}
names=[]

for k,v in dicStus.items():
    cnts[v[0]]=cnts.get(v[0],0)+1
    if v[1]>18:
        names.append(k)

print("女生共有{}名，男生共有{}名".format(cnts['女'],cnts['男']))
print("其中年龄超过 18 岁的学生有：")
print(names)
```

运行结果：

女生共有 4 名，男生共有 2 名
其中年龄超过 18 岁的学生有：

['李四', '王二', '丁克']

为了便于统计，程序中定义了一个字典 cnts 来存放女生和男生的人数，同时通过 get()函数实现了按照性别计数。

因为字典中按照值直接访问键的操作是不可行的，所以程序在遍历字典的循环里使用了 if 语句，将超过 18 岁的学生姓名逐个添加到了列表 names 中。

【例 5-8】小夏和小迪接到一个调研任务，需要按省份统计班级同学的籍贯分布情况。他们两人决定分头统计女生和男生的籍贯分布，最后再汇总结果。已知小夏统计的女生籍贯分布是江苏 4 人、浙江 2 人、吉林 1 人；小迪统计的男生籍贯分布是江苏 8 人、浙江 5 人、山东 5 人、安徽 4 人、福建 2 人。请编写程序将两人的调研结果合并并输出。

【分析】男生、女生籍贯分布数据反映的是省份和人数的映射关系，可以分别用字典存放。而最终的结果就需要将两个字典合并，并且在合并过程中需要将相同省份的人数进行累加。此处不能使用 5.3.3 小节中介绍的合并方法，而是应该参考例 5-4 的解题思路，利用字典的遍历进行处理。

【参考代码】

```
dicBoys={"江苏":8, "浙江":5, "山东":5, "安徽":4, "福建":2}
dicGirls={"江苏":4, "浙江":2, "吉林":1}

dic=dicBoys.copy()

for k,v in dicGirls.items():
    dic[k]=dic.get(k,0)+v

print()
print(dic)
```

运行结果：

{'江苏': 12, '浙江': 7, '山东': 5, '安徽': 4, '福建': 2, '吉林': 1}

代码中调用了 copy()方法先将字典 dicBoys 复制给了字典 dic，然后遍历字典 dicGirls 的每个条目，如果当前条目的键在字典 dic 中存在，就将对应的值累加进去；如果当前条目的键在字典 dic 中不存在，则将当前条目添加到字典 dic 中。

本 章 小 结

本章介绍了字典和集合这两种数据类型，它们都用"{}"存放元素，且它们的元素都是无序的。

字典属于 Python 中的一种基本的数据结构——映射，它通过"键值对"的方式储存数据之间的对应关系。其中，字典的键不可修改，只有不可变的数据可以充当键，而值可以修改，任何类型的数据都可以充当值。字典可以通过键访问值，但不能通过值访问键。字典支持值的修改、条目的增加、条目的删除等基本操作，但是字典不支持原地排序，仅可以使用内置函数 sorted()实现按"键"的有序输出。字典的遍历提供了按"键"遍历、按"值"遍历和按"条目"遍历三种方式。灵活运用这三种方式不仅可以方便地实现字典各条目的访问，也可以实现字典与字典之间按"键"的条目合并操作。

集合是一个无序的不包含重复元素的数据集，虽然集合也用"{}"存放元素，但是空集合的创建不能使用"{}"，而要使用不带参数的 set()函数。集合的元素只能是不可变的数据，如果创建的时候有重复的元素，集合会自动去重只保留其中的一个。集合除了进行常见的数字集合运算，还能进行元素的去重操作。

课 后 习 题

一、单选题

1．下列类型中，（　　）不是固定数据类型。

    A．字典型　　　　　B．字符串　　　　　C．浮点数　　　　　D．元组

2．下列说法错误的是（　　）。

    A．字典是映射类型的体现

    B．list 是有序的，dict 是无序的

    C．字典可以用"键值对"来存储数据

    D．字典一般使用索引访问且效率很高

3．以下语句中正确的是（　　）。

    A．s={["iks":"dsa"]}　　　　　　　　B．t[][]=[12,1214,242]

    C．s="435",45　　　　　　　　　　　D．t[]=[12,1214,242]

4．下列关于字典类型的说法正确的是（　　）。

    A．字典类型即键值对

    B．字典类型的键值对以 key-value 的方式保存数据

    C．键和值都可以重复

    D．映射类型只能用数字作键

5．关于语句 m={1:"爱",2:"生",3:"活",4:"爱",5:"自",6:"己"}下列用法错误的是（　　）。

    A．print(list(m.keys()))　　　　　　　B．m.copy()

    C．m.item()　　　　　　　　　　　　D．m.values()

6．Python 程序中假设字典 d={'1':'male','2':'female'}，如果使用 d[3]，则解释器将抛出（　　）错误信息。

    A．NameError　　　　　　　　　　　B．IndexError

    C．KeyError　　　　　　　　　　　　D．TypeError

7．Python 语句 a=[1,2,3,None,(),[],];print(len(a))的运行结果是（　　）。

    A．4　　　　　　　B．5　　　　　　　C．6　　　　　　　D．7

8．Python 语句 nums=set([1,2,2,3,3,3,4]);print(len(nums))的运行结果是（　　）。

    A．1　　　　　　　B．2　　　　　　　C．4　　　　　　　D．7

9．Python 语句 d={1:'a',2:'b',3:'c'};print(len(d))的运行结果是（　　）。

    A．0　　　　　　　B．1　　　　　　　C．3　　　　　　　D．6

10．Python 语句 s={'a',1,'b',2};print(s['b'])的运行结果是（　　）。

    A．语法错　　　　　B．'b'　　　　　　C．1　　　　　　　D．2

11．语句 print(type(()))的运行结果是（　　）。

　　A．<class 'tuple'>　　　　　　　　　　B．<class 'dict'>

　　C．<class 'set'>　　　　　　　　　　　D．<class 'list'>

12．以下不能创建字典的 Python 语句是（　　）。

　　A．dict1={}　　　　　　　　　　　　B．dict2={1:8}

　　C．dict3={[1,2,3]: "users"}　　　　　　D．dict4={(1,2,3): "users"}

13．以下不能创建字典的 Python 语句是（　　）。

　　A．dict1={}　　　　　　　　　　　　B．dict2={2:6}

　　C．dict3=dict([2,4],[3,6])　　　　　　D．dict4=dict(([2,4],[3,6]))

14．以下 Python 语句的运行结果是（　　）。

```
d1={'a':1,'b':2};d2=dict(d1); d1['a']=6
sum=d1['a']+d2['a']
print(sum)
```

　　A．2　　　　　　B．3　　　　　　　C．6　　　　　　　D．7

15．列表、元组、字符串是 Python 的（　　）序列。

　　A．有序　　　　　　　　　　　　　　B．无序

　　C．无序且有值　　　　　　　　　　　D．其他三个选项都不对

16．字典中元素之间使用逗号分隔开，每个元素的"键"与"值"之间使用（　　）分隔开。

　　A．逗号　　　　　　B．冒号　　　　　C．分号　　　　　　D．顿号

17．字典对象的（　　）方法可以获取指定"键"对应的"值"，并且可以在指定"键"不存在的时候返回指定值，如果不指定则返回 None。

　　A．get()　　　　　B．items()　　　　C．keys()　　　　D．values()

18．字典对象的（　　）方法返回字典中的"键值对"列表。

　　A．get()　　　　　B．items()　　　　C．keys()　　　　D．values()

19．字典对象的（　　）方法返回字典的"键"列表。

　　A．get()　　　　　B．items()　　　　C．keys()　　　　D．values()

20．字典对象的（　　）方法返回字典的"值"列表。

　　A．get()　　　　　B．items()　　　　C．keys()　　　　D．values()

21．表达式 set([1,1,2,3])的值为（　　）。

　　A．{1,1,2,3}　　　B．{1,2,3}　　　　C．{1,1}　　　　　D．{2,3}

二、编程题

1．学习了 Python 的字典之后，同学们都想学以致用创建一个自己的通讯录。小明是这样做的：先根据三位舍友的联系方式创建一个字典 dicTXL；然后将隔壁宿舍舍长已经建好的字典 dicOther 合并进了自己的通讯录；合并之后，小明又打算给通讯录增加一列"微信号"，为此他询问了相关同学的微信号并储存字典 dicWX 中，然后合并进自己的通讯录，而没有询问到微信号的同学都默认微信号为其手机号。小明舍友联系方式、隔壁宿舍舍长联系方式、相关同学微信号的信息分别对应表 5-5、表 5-6、表 5-7。

表 5-5　小明舍友联系方式

姓名	手机	QQ
小新	13915000001	18191220001
小亮	13915000002	19181220002
小刚	13915000003	18191220003

表 5-6　隔壁宿舍舍长通讯录

姓名	手机	QQ
大刘	13914000001	1819120001
大王	13914000002	1819120002
大张	13914000003	1819120003

表 5-7　相关同学微信号

姓名	微信号
小新	aaaa11
小刚	bbbb12
大王	cccc13
大刘	dddd14

请你按照小明的步骤完成通讯录 dicTXL 的创建，并测试如下功能：

（1）将"大王"的手机号更改为 13914000004。

（2）输入姓名查找对应同学的手机号、QQ 号或者微信号，如果输入的姓名不存在，则返回"没有该同学的联系方式"。

2．表 5-8 是 2022 年"双十一"期间对学生进行匿名购物调查的结果。请根据该表完成以下统计工作。

（1）统计每一类消费项目的平均消费金额。

（2）分别统计男生、女生的消费总金额的平均值。

表 5-8　"双十一"学生购物统计表

性别	书本/元	文具/元	服饰/元	零食/元	日用品/元
女	10	30	300	150	600
女	200	10	300	300	100
男	200	100	1000	100	200
男	50	20	300	100	200
男	200	50	400	100	200
女	100	10	500	150	800
女	200	100	500	300	200
男	300	50	0	10	50
男	100	10	500	40	500
男	200	500	200	100	100

第6章 函　　数

本章将学习函数的定义、调用、返回值，lambda()函数，变量的作用域等。

6.1　函数的基本概念

函数能将复杂问题分解为若干个子问题，实现代码模块化。

函数具有如下特点。

（1）减少程序中的代码重复量。

（2）将复杂问题分解成多个简单问题。

（3）代码模块化，提高易读性和可调用性。

在 Python 中，函数可以分为4类。

（1）内置函数。Python 内置很多常用函数，如 abs()、len()等，在程序中可以直接使用。

（2）标准函数库。安装 Python 时会安装若干标准库，如 math 库、random 库等。通过 import 语句可以导入标准库，导入后就能使用其中定义的函数。

（3）第三方函数库。Python 社区提供了许多其他高质量的库，如 jieba 库、Numpy 库、requests 库等，通过 import 语句可以导入库，导入后就能使用其中定义的函数。

（4）用户自定义函数。本章主要讨论用户根据语法自定义函数。

6.2　函数的使用

6.2.1　函数的定义与调用

在 Python 中，定义函数的语法格式如下：

```
def 函数名(列表):
    函数体
```

注意：（1）圆括号内是形参列表，如果有多个参数则用逗号分隔开，即使用该函数不需要接收任何参数，也必须保留一对空的圆括号。

（2）圆括号后的 "：" 必不可少。

（3）函数体相对于 def 关键字必须保持一定的空格缩进。

（4）函数体中可以使用 return 语句返回值。return 语句可以有多条，在这种情况下，一旦第一条 return 语句得到执行，函数立即终止。return 语句可以出现在函数体的任何位置。

在 Python 中，调用函数的语法格式如下：

```
函数名(实参列表)
```

注意：（1）实参是在程序运行时，实际传递给函数的数据。实参列表必须与函数定义时的形参列表一一对应。

（2）函数有三种方式将实参传递给形参：按位置传递参数、按名称传递参数和按默认值传递参数。本节中，只考虑按照位置传递参数，其他的传递方式将在后面继续讨论。参数按照位置传递时，第一个实参的值传递给第一个形参，第二个实参的值传递给第二个形参，以此类推。

（3）如果函数有返回值，则可在表达式中继续使用；如果函数没有返回值，则可以单独作为表达式语句使用。

例如：定义函数 max(a,b)，用来求 a 和 b 中较大的数。

```
>>>def max(a,b):              #定义函数 max、a 和 b 为形参
        if a>=b: return a     #return 返回比较结果
        else: return b
```

当 max() 函数定义好以后，就可以调用该函数来解决实际问题。

```
>>>max(12,45)      #函数的调用，12 和 45 为实参，是实际比较的数据
45
```

【例 6-1】编写函数，求任意个连续整数的和。

【参考代码】

```
def calSum(n1,n2):
    sum = 0
    for i in range(n1, n2+1):
        sum += i
    print("sum=", sum)

m1 = int(input("初值："))
m2 = int(input("终值："))
calSum(m1, m2)
```

运行结果：

```
初值：1
终值：10
sum =55
```

通过例 6-1 可以发现，在程序中使用函数可以增强代码的复用度，使程序看起来更加简洁、清楚。在程序的运行过程中，每执行一次函数调用语句，都会将函数整体执行一次。调用时会将实参的值传递给形参，调用结束后，如果有 return 语句可以将结果带出函数，参与后续计算，以"calSum(2,20)"为例，函数调用及返回过程如图 6-1 所示。

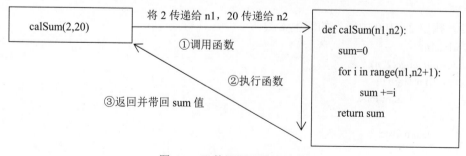

图 6-1　函数调用及返回过程

如果希望函数求出的结果可以继续参与运算，就必须把结果传递出来，此时就需要用 return 语句返回值。

【例 6-2】编写函数，求（2+3+…+19+20）+（11+12+…+99+100）的和。

【参考代码】

```python
def calSum(n1,n2):
    sum = 0
    for i in range(n1,n2+1):
        sum += i
    return sum


print("sum=",calSum(2,20)+ calSum(11,100)
```

运行结果：

```
sum=5204
```

【例 6-3】解决以下问题。

（1）找出 2～100 中所有的素数。

（2）找出 2～100 中所有的孪生素数。孪生素数是指相差 2 的素数对，如 3 和 5、5 和 7、11 和 13 等。

（3）将 4～20 中所有的偶数分解成两个素数的和。例如，6=3+3、8=3+5、10=3+7 等。

【分析】首先定义函数，判断一个整数是否为素数，需要传入的数据（即参数）只有一个，传出的数据为判断结果，结果有两种：True 或 False。

（1）找出 2～100 中所有的素数。

```python
def prime(n):
    for i in range(2, n):
        if n%i == 0:
            return False
        else:
            return True


for i in range(2, 100+1):
    if prime(i) == True:
        print("{:^4}".format(i), end='   ')
```

运行结果：

```
2   3   5   7   11  13  17  19  23  29  31  37  41  43  47  53  59  61  67  71  73  79
83  89  97
```

（2）找出 2～100 中所有的孪生素数。

```python
def prime(n):
    for i in range(2, n):
        if n%i == 0:
            return False
        else:
            return True


for i in range(2,100+1):
```

```
    if prime(i) == True and prime(i+2) == True:
        print("({:^4},{:^4})".format(i,i+2))
```

运行结果：

```
( 3, 5 )
( 5, 7 )
( 11, 13 )
( 17, 19 )
( 29, 31 )
( 41, 43 )
( 59, 61 )
( 71, 73 )
```

（3）将 4～20 中所有的偶数分解成两个素数的和。

```
def prime(n):
    for i in range(2, n):
        if n%i == 0:
            return False
        else:
            return True


for i in range(4, 20+1):
    for j in range(2, i):
        if prime(j) == True and    prime(i-j) == True:
            print("{:^4}={:^4}+{:^4}".format(i, j, i-j))
            break        #只要找到一种分解方式就可以退出循环了
```

运行结果：

```
4  =2   +2
5  =2   +3
6  =3   +3
7  =2   +5
8  =3   +5
9  =2   +7
10 =3   +7
12 =5   +7
13 =2   +11
14 =3   +11
15 =2   +13
16 =3   +13
18 =5   +13
19 =2   +17
20 =3   +17
```

6.2.2　函数的参数

1. 默认值参数

在定义函数时，如果希望函数的一些参数是可选的，则可以在定义函数时为这些参数指定默认值。调用该函数时，如果没有传入对应的实参值，则函数使用定义时的默认值。例如：

```
>>>def babble(words, times =1):          #函数 babble 的第二个参数指定了默认值
        print(words+" ")* times)
>>>babble("hello",3)                      #调用 babble()函数，传"hello"给 words，3 给 times
hello hello hello
>>>babble("tiger")                        #调用 babble()函数，传"tiger"给 words, times 使用默认值 1
tiger
```

这里需要注意的是，默认值参数必须写在形参列表的右边。这是因为函数调用时，默认是按位置传递实际参数值的。例如：

```
>>>def babble(words ="abc",times):        #默认值参数位置不正确
    print(words+"     ")*times)
SyntaxError : non- default argument follows default argument
```

【例 6-4】请根据期中成绩和期末成绩，按指定的权重计算总评成绩。

【参考代码】

```
def mySum(mid_score,end_score, rate = 0.4):   #默认权重为 0.4
    score = mid_score * rate + end_score * (1 - rate)
    return score

print("总评成绩：{:.2f}".format(mySum(88, 93)))        #权重 0.4
print("总评成绩：{:.2f}".format(mySum(88, 93, 0.5)))   #权重 0.5
print("总评成绩：{:.2f}".format(mySum(62, 78, 0.6)))   #权重 0.6
```

运行结果：

```
总评成绩：91.00
总评成绩：90.50
总评成绩：68.40
```

2. 名称传递参数

函数调用时，实参默认按照位置顺序传递参数，按照位置传递的参数称为位置参数。函数调用时也可以通过名称（关键字）指定传入的参数，按照名称指定传入的参数称为名称参数，也称关键字参数。

使用名称传递参数具有三个优点：参数意义明确；传递的参数与顺序无关；如果有多个可选参数，则可以选择指定某个参数值。

【例 6-5】基于期中成绩和期末成绩，按指定的权重计算总评成绩。

【参考代码】

```
def mysum (mid_score, end_sore, rate=0.4):
    score =mid_score*rate +end_score*(1-rate)
    return score

print(mysum (88,93))
print(mysum (mid_score=88,end_score=93,rate=0.5))
print(mysum (rate=0.5,end_score=93,mid_score=88))
```

运行结果：

```
91.0
90.5
90.5
```

【**例 6-6**】在 print()函数中使用名称传递参数输出格式。

【**参考代码**】

```
>>>print (1, 2, 3, sep = "-")          #用"-"分隔多项输出
1-2-3
>>>print(23, 6, 34, sep = "/")          #用"/"分隔多项输出
23/6/34
>>>for i in range(1, 4):          #输出之后不换行
    print(i, end = "")
123
```

有时也会使用到以下输出方式。

```
>>>for i in range(1, 10) :
    print(i, end = "," if   i%3 != 0 else "\n")
1, 2, 3
4, 5, 6
7, 8, 9
```

3. 可变参数

在定义函数的时候，使用带星号的参数，如*param1，则意味着允许向函数传递数量可变的参数。调用函数时，传入的所有参数被存储为一个元组。

【**例 6-7**】利用可变参数输出名单。

【**参考代码**】

```
def commonMultiple(*c):          #c 为可变参数
    for i in c:
        print("{:^4}".format(i), end=")
    return len(c)


count = commonMultiple("李白", "杜甫")
print("共{}人".format(count))
count = commonMultiple("李白", "杜甫", "王维", "袁枚")
print("共{}人".format(count))
```

运行结果：

```
李白    杜甫 共 2 人
李白    杜甫   王维    袁枚 共 4 人
```

在定义函数的时候，使用带两个星号的参数，如**param2，则可以允许向函数传递数量可变的参数。调用函数时，传入的所有参数被存储为一个字典。

【**例 6-8**】利用可变参数求人数和。

【**参考代码**】

```
def commonMultiple(**d):          #d 为可变参数
    total = 0
    print(d)
    for key in d:
        total += d[key]
    return total


print(commonMultiple(group1=5, group2=20, group3=14, group4=22))
```

```
print(commonMultiple(male=5, female=12))
```

运行结果：

```
{'group1': 5, 'group2': 20, 'group3': 14, 'group4': 22}
61
{'male': 5, 'female': 12}
17
```

下面的代码，虽然程序运行后结果一样，但它们的传递方式不同。

```
def commonMultiple(d):        #d 为形参，实参为字典类型
    total = 0
    print(d)
    for key in d:
        total += d[key]
    return total


print(commonMultiple({'male':5, 'female':12}))
```

运行结果：

```
{"male":5,"female":12}
17
```

4. 形参与实参

看这样一个例子：假如你正编写一个管理银行账户的程序，一个任务是在账户上累计利息。可以考虑编写一个函数来实现自动将利息添加到账户余额。

```
def addInterest(money, rate):
    money = money * (1+rate)
```

该函数的目的是将 money 值改为已按利息金额更新之后的值。

```
amount = 1000
rate = 0.05
addInterest(amount, rate)
print("amount=",amount)
```

运行结果：

```
amount= 1000
```

在运行结果中可以看到 amount 的值并未发生任何修改，原因是什么呢？

当程序调用 addInterest()函数时，形参 money 和 rate 取实参 amount 和 rate 的值。即使形参和实参中都有 rate，但它们是两个单独的变量，互不影响。换句话说，形参变量只能接收实参变量的值，而无法访问实参变量。因此，为形参分配新值对包含实参的变量没有影响。

现在修改 addInterest()函数，使 amount 输出改变后的值，最直接的方法是让它返回 money 的值，用返回的值来更新 amount 变量。

【例 6-9】累计单账户利息。

【参考代码】

```
def addInterest(money, rate):
    money = money * (1 + rate)
    return money


amount=1000
```

```
rate=0.05
amount=addInterest(amount,rate)
print("amount=",amount)
```

运行结果：

```
amount=1050.0
```

可以发现这时 amount 的值发生了变化，程序输出"amount=1050.0"。

【例 6-10】累计多账户利息。

【分析】将账户余额保存在 Python 的列表中，使用 addInterest()函数将累积的利息添加到列表中所有账户余额上。

【参考代码】

```
def addInterest(money, rate):
    for i in range(len(money)):
        money[i] = money[i] * (1 + rate)


amount = [1200,1400,800,650,1600]
rate = 0.05
addInterest(amount, rate)
print("amount:", amount)
```

运行结果：

```
amount:[1260.0,1470.1,840.0,682.5,1680.0]
```

这段代码中并未使用返回值来更新 amount 变量，但是 amount 的值发生了变化。这是因为当实参是列表类型时，形参则是该列表的引用，所以在函数中可以直接修改列表中元素的值。

因此，称列表 list 为可变对象，而整型 int、浮点型 float、字符串类型 str 和布尔类型 bool 为不可变对象。同样的，字典也是可变对象，可以直接在函数中修改字典元素的值。

6.2.3　返回值

在函数体中使用 return 语句，函数执行停止并返回一个值。如果需要返回多个值，函数会返回一个元组。

【例 6-11】编写一个函数，返回两个整数本身，以及它们的商和余数。

【参考代码】

```
def fun(a, b):
    return (a, b, a//b, a%b)


n1, n2, m, d = fun(6, 4);
print("两个整数是：{}和{}".format(n1, n2))
print("它们的商是：", m)
print("余数是：", d)
```

运行结果：

```
两个整数是：6 和 4
它们的商是：1
余数是：2
```

6.3 lambda() 函 数

lambda( )函数是一种简便的在同一行定义函数的方法。它广泛用于需要将函数对象作为参数或函数比较简单且只使用一次的场合。lambda( )函数的语法格式如下：

lambda   参数 1,参数 2,…：<函数语句>

其中，函数语句的结果为函数的返回值，且只能有一条函数语句。

例如，语句"lambda   x,y:x*y"将生成一个函数对象，函数的形参为 x 和 y，函数的返回值为 x 与 y 的乘积。

例如：

```
>>>f = lambda x,y:x*y
>>>type(f)
<class 'function'>          #f 为函数对象
>>>f(12,2)
24                          #返回 12 和 2 的乘积
```

【例 6-12】使用 lambda()函数输出列表中所有的负数。

```
f=lambda x:x<0
list=[3,5,-7,4,-1,0,-9]
for i in filter(f,list):
    print(i)
```

运行结果：

```
-7
-1
-9
```

filter()函数用于过滤序列，过滤掉不符合条件的元素，返回由符合条件元素组成的新列表。filter()函数接收两个参数，第一个为函数，第二个为序列。序列的每个元素作为参数传递给函数进行判断，然后返回 True 或 False，最后将返回 True 的元素存放到新列表中。

上面的代码也可以简化为：

```
list = [ 3, 5, -7, 4, -1, 0, -9 ]
for i in filter(lambda x: x < 0, list ):
    print (i)
```

也可以用一般函数来解决问题。程序如下：

```
def f(x):
    return x <0

list = [3, 5, -7, 4, -1, 0, -9]
for i in filter(f, list):
    print (i)
```

对比可见，lambda()函数省去了使用 def 定义函数的步骤，比较简洁方便。

对比分析运用下面的语句：

```
for i in filter(lambda x:x%3==0 and x%10==5,range(1,100+1) ):
    print(i)
```

运行结果：

```
15
45
75
```

【例 6-13】使用 lambda()函数对字典元素按值或按键排序。

【参考代码】

```
dict_data = {"化 1704":33, "化 1702":28, "化 1701":34, "化 1703":30}
print(sorted(dict_data))                          #按键排序，输出键值
print(sorted(dict_data.items()))                  #按键排序，输出键值对
print(sorted(dict_data.items(),key = lambda x:x[1]))        #按值排序，输出键值对
print(sorted(dict_data.items(),key = lambda x:x[1]%10))     #按值的个位数排序，输出键值对
```

运行结果：

```
['化 1701', '化 1702', '化 1703', '化 1704']
[('化 1701', 34), ('化 1702', 28), ('化 1703', 30), ('化 1704', 33)]
[('化 1702', 28), ('化 1703', 30), ('化 1704', 33), ('化 1701', 34)]
[('化 1703', 30), ('化 1704', 33), ('化 1701', 34), ('化 1702', 28)]
```

sorted()函数中有一个默认值参数 key，key 可以在排序时指定用迭代对象元素的某个属性或函数作为排序关键字，下面再来看两个例子。

（1）有列表"list=[-2,7,-3,2,9,-1,0,4]"，如果需要按照列表中每个元素的平方值排序，则可以写出语句：

```
print(sorted(list, key=lambda x:x*x))
```

运行结果：

```
[0, -1, -2, 2, -3, 4, 7, 9]
```

（2）有列表"list=['their','are','this','they','is']"，如果需要按照列表中每个元素的长度值排序，则可以写出语句：

```
print(sorted(list, key=lambda x:len (x)))
```

运行结果：

```
['is', 'are', 'this', 'they', 'their']
```

当然，同样可以使用一般函数来解决该问题。

例如：

```
def f(x):
    return x*x

list=[-1, 7, -3, 2, 9, -1, 0, 4]
print(sorted(list, key = f) )
```

通过以上 filter()函数和 sorted()函数的使用，可以发现函数也可以作为参数来使用，在这种情况下定义一个 lambda 函数来生成函数对象最为方便。

6.4 变量的作用域

一个程序中变量并不是在任何位置都可以被访问，访问权限取决于这个变量是在哪里被赋值的。每个变量都有自己的作用域（命名空间），变量的作用域决定了在哪些代码段内使用

该变量是合法的，在哪些代码段内使用该变量是非法的。两种最基本的变量作用域是局部变量和全局变量。

1. 局部变量

每次函数调用都会创建一个新的作用域。

例如：

```
>>>def f ():
         x= 10                                              #局部变量
         return x*x
>>>f ()
100
>>>print (x)
Traceback (most recent call last) :
    File " <pyshell #5>", line 1, in <module>
         print (x)
NameError: name 'x' is not defined
```

在这段代码中，首先定义了函数 f()，f()返回 10×10 即 100。接着调用函数 f()，输出 100，代码正确。然而当执行"print(x)"的时候，系统报"name 'x' is not defined"的错误。在调用函数 f()的时候，新的作用域被创建，"x=10"发生在函数 f()的内部，因此变量 x 是局部变量，它的作用域在函数 f()的内部。在函数 f()外部访问变量 x 的时候，超出了 x 的作用域范围，因此代码报错。

2. 全局变量

分析以下代码：

```
def f ():
     x= 10            #A 行：局部变量
     return x * x
x =1000              #B 行：全局变量
print (x)
```

输出结果：

```
1000
```

A 行定义的 x 作用域只在函数 f()的内部，它是局部变量，而 B 行定义的 x 作用域在函数 f()的外部，它是全局变量，所以 print()语句只能访问到全局变量 x，代码的输出结果应该是 1000。

再分析下面这段代码：

```
def f () :
     return x * x             #返回 100
x = 10                        #全局变量
print (f())
print (x)
```

输出结果：

```
100
10
```

代码中只有一个 x 变量，它在函数之外赋值，因此是全局变量，在函数 f()内也可以访问 x 变量。

3. 全局变量和局部变量

```
def f ():
```

```
    x = 5                           #局部变量
    print("f 内部：x=", x)          #A 行
    return x * x

x = 10                              #全局变量
print("f() =", f() )
print ("f 外部：x=", x)             #B 行
```

运行结果：

```
f 内部：x=5
f()=25
f 外部：x=10
```

这里的 "x=5" 和 "x=10" 中的 x 是两个不同的变量，虽然它们的名称一样，但作用域不同。前者是局部变量，后者是全局变量。当执行 A 行 print()语句的时候，既能访问局部变量 x，也能访问全局变量 x。在这种情况下，Python 遵循这样一个原则：在局部变量（包括形参）和全局变量同名的时候，局部变量屏蔽全局变量，称为 "局部优先"。根据这样的原则，在 f()内部，x 的取值是 5，而不是 10，因此 A 行 print()语句输出的应该是 x=5。

如果遇到一定要在函数 f()中访问全局变量 x 的情况，使用关键字 global 声明使用全局变量即可。

```
def f():
    global x
    x=5                             #A 行：访问全局变量 x
    print("f 内部：x=",x)
    return x*x
x=10
print("f()=",f())
print("f 外部：x=",x)
```

运行结果：

```
f 内部：x=5
f() = 25
f 外部：x=5
```

在上述代码段中，由于有 "global x" 这句代码，A 行访问的 x 为全局变量 x，将全局变量 x 重新赋值为 5。

6.5 递归函数

在 Python 中，一个函数既可以调用另一个函数，也可以调用它自己。如果一个函数调用了它自己，就称为递归。

例如，非负整数的阶乘定义为 $n!=n\times(n-1)\times(n-2)\times\cdots\times2\times1$，当 $n=1$ 时，$n!=1$，即 $n!$ 是所有小于或等于 n 的正整数的乘积。因此，可以用循环结构来求 $n!$，而另一种简便方法就是递归。可以将阶乘的定义转换为如下形式：

$$n!=\begin{cases} 1, & n=1 \\ n\times(n-1), & n>1 \end{cases}$$

【例 6-14】 使用递归方法求阶乘。

【参考代码】

```python
def fact(n):
    if n == 1: return 1
    else: return n * fact(n-1)

for i in range(1, 9+1):              #输出 1~9 的阶乘
    print("{}! =".format(i), fact(i))
```

运行结果：

```
1! = 1
2! = 2
3! = 6
4! = 24
5! = 120
6! = 720
7! = 5040
8! = 40320
9! = 362880
```

每个递归函数必须包括两个主要部分：

（1）终止条件。表示递归的结束条件，用于返回函数值，不再递归调用。在 fact() 函数中，递归的结束条件为 "n==1"。

（2）递归步骤。递归步骤把第 n 步的函数与第 n-1 步的函数关联。对于 fact() 函数，其递归步骤为 "n*fact(n-1)"，表示把求 n 的阶乘转化为求 n-1 的阶乘。

【例 6-15】 使用递归方法求斐波拉契数列。

【分析】 观察斐波拉契数列的定义如下：

$$f_n = \begin{cases} 1, & n = 1, 2 \\ f_{n-1} + f_{n-2}, & n \geqslant 3 \end{cases}$$

当 $n=1$ 或者 $n=2$ 的时候，$f_n=1$，递归结束，不再递归调用。当 $n \geqslant 3$ 的时候，将第 n 步的函数与第 $n-1$ 步和第 $n-2$ 步的函数关联，每次递归调用参数值 n 均变小，所以一系列参数值会逐渐收敛到结束条件 $n=1$ 或是 $n=2$。

【参考代码】

```python
def fibo(n):
    if n == 1 or n == 2: return 1
    else: return fibo(n-1) + fibo(n-2)

for i in range(1, 20+1):
    print("{:>8}".format(fibo(i)), end="   " if i%5!=0 else "\n")
```

运行结果：

1	1	2	3	5
8	13	21	34	55
89	144	233	377	610
987	1597	2584	4181	6765

【例 6-16】使用递归方法求最大公约数。

【分析】用于计算最大公约数的递归算法称为欧几里得算法，其计算原理基于如下定理：两个整数的最大公约数等于其中较小的那个数和两数相除余数的最大公约数，用程序表示为：

gcd(a,b) = gcd(b,a mod b)

分析可知：终止条件为"b=0"；递归步骤为"gcd(b,a%b)"。每次递归 a%b 严格递减，故逐渐收敛于 0。

【参考代码】

```
def gcd(a, b):
    if b == 0 : return a
    else: return gcd(b, a % b)

print("gcd(12, 24) = ", gcd(12, 24))
print("gcd(48, 24) = ", gcd(48, 24))
print("gcd(15, 11) = ", gcd(15, 11))
print("gcd(15, 35) = ", gcd(15, 35))
```

运行结果：

```
gcd(12, 24) =    12
gcd(48, 24) =    24
gcd(15, 11) =    1
gcd(15, 35) =    5
```

6.6　综合应用实例

【例 6-17】编写函数，接收任意多的参数，返回一个元组，其中第一个元素为所有参数的平均值，其他元素为所有参数中大于平均值的实数。

【参考代码】

```
def fun(*para):
    avg = sum(para)/len(para)        #平均值
    g = [i for i in para if i>avg]   #列表生成式
    return (avg, g)

m, l = fun(6.7, 2.4, -0.1, 2.15, -5.8)
print("平均值： ", m)
print("大于均值的数： ", l)
```

运行结果：

```
平均值：1.07
大于均值的数： [6.7, 2.4, 2.15]
```

【例 6-18】编写函数，提取英文短语缩略词。缩略词是由英文短语中每一个单词取首字母组合而成的，且要求大写。例如，"very important person"的缩略词是 VIP。

【参考代码】

```
def fun(s):
    lst = s.split()                  #将短语拆分成单词
    return [x[0].upper() for x in lst]   #生成单词首字母大写列表
```

```
s = input("输入短语：")
print("". join(fun(s)))
```

运行结果：

输入短语：very important person
VIP

【例6-19】小明做打字测试，请编写程序计算小明输入字符串的准确率。

【分析】假设原始字符串为 origin，小明输入的字符串为 userInput。如果两个字符串的长度不一致，提示小明重新输入；如果长度一致，进行字符匹配。准确率为正确的字符个数除以字符的总个数。

【参考代码】

```
def rate(origin,userInput):
    right = 0
    for origin_char,user_char in zip(origin,userInput):
        if origin_char == user_char:
            right += 1
    return right/len(origin)


origin = 'Your smile will make my whole world bright.'
print(origin)
userInput = input("输入：")
if len(origin) != len(userInput):
    print("字符串长度不一致，请重新输入")
else:
    print("准确率为：{:.2%}".format(rate(origin,userInput)))
```

运行结果：

Your smile will make my whole world bright.
输入：Your smile will make my whole world bright.
准确率为：100.00%

代码中 zip()函数的作用是将对应元素打包成一个个元组，然后返回由这些元组组成的对象。例如：

```
s1='ab'
s2='xy'
print(list(zip(s1,s2)))        #将 zip 对象转换成列表输出
```

运行结果：

[('a', 'x'), ('b', 'y')]

【例6-20】输入一段英文文本，统计出现频率最高的10个单词（除去 of、a、the 等虚词）。

【分析】待处理的英文文本如下：

I have a dream today!I have a dream that one day every valley shall be exalted, and every hill and mountain shall be made low, the rough places will be made plain, and the crooked places will be made straight; "and the glory of the Lord shall be revealed and all flesh shall see it together." This is our hope, and this is the faith that I go back to the South with.With this faith, we will be able to hew out of the mountain of despair a stone of hope. With this faith, we will be able to transform the jangling discords of our nation into a beautiful symphony of brotherhood. With this faith, we will be able to work together, to pray together, to struggle together, to go to jail together, to stand up for freedom together, knowing that we will be free one day.

　　观察这段文本，字母有大写有小写，还有一些标点符号，因此在统计单词出现频率之前需要先解决文本中字母大小写和标点符号的问题。编写函数 getText() 来对文本 text 进行预处理。

　　（1）预处理函数 getText()。

【参考代码】

```
def getText(text):
    text = text.lower()                    #将文本中字母全变为小写
    for ch in ",.;?-:\"":
        text = text.replace(ch, " ")       #将文本中的标点符号替换为空格
    return text
```

　　（2）统计单词出现频率函数 wordFreq()。

【参考代码】

```
def wordFreq(text,topn):
#text 为待统计文本，topn 表示取频率最高的单词个数
    words = text.split()       #将文本分词
    counts = {}
    for word in words:
            counts[word] = counts.get(word,0) + 1
#若该单词在字典中已经存在，则在原计数上加 1，若该单词还未统计，则计数为 1
    excludes = {'the','and','to','of','a','be'}
#定义集合存放需要去除的虚词
    for word in excludes:
            del(counts[word])          #在字典中删除虚词
    items = list(counts.items())       #将字典转换为列表，以方便排序
    items.sort(key=lambda x:x[1], reverse=True)
#按照单词频率计数的逆序排序
    return items[:topn]                #返回出现频率前 topn 的单词和频率计数值
```

　　（3）调用函数。

【参考代码】

```
#英文词频率统计
    text='''I have a dream today!I have a dream that one day every valley shall be exalted, and every hill and
mountain shall be made low, the rough places will be made plain, and the crooked places will be made straight; "and
the glory of the Lord shall be revealed and all flesh shall see it together." This is our hope, and this is the faith that I
go back to the South with.With this faith, we will be able to hew out of the mountain of despair a stone of hope. With
this faith, we will be able to transform the jangling discords of our nation into a beautiful symphony of brotherhood.
With this faith, we will be able to work together, to pray together, to struggle together, to go to jail together, to stand
up for freedom together, knowing that we will be free one day. '''
    text = getText(text)
    for word,freq in wordFreq(text, 20):
        print("{:<10}{:>}".format(word, freq))
    print("统计结束")
```

运行结果：

```
will        6
together    6
this        5
shall       4
faith       4
with        4
we          4
that        3
made        3
able        3
i           2
have        2
dream       2
one         2
day         2
every       2
mountain    2
places      2
is          2
our         2
统计结束
```

本 章 小 结

本章重点介绍了函数的定义和调用方法，解释了参数及返回值的概念。对于函数的参数，讨论了默认值参数、名称传递参数、可变参数等问题。同时还介绍了 lambda()函数，以及递归函数的使用。

函数是一种子程序，程序员通过使用函数来减少代码重复，并用于模块化程序。一旦定义了函数，它可以在程序的任意位置被调用。函数定义部分出现的参数为形参，函数调用中出现的参数为实参。

课 后 习 题

一、单选题

1. Python 语句 "f=lambda x,y:x*y;f(12,34)" 的运行结果是（   ）。
   A. 12   B. 22   C. 56   D. 408

2. Python 语句 f1=lambda x:x*2;f2=lambda x:x**2;print(f1(f2(2)))的运行结果是（   ）。
   A. 2   B. 4   C. 6   D. 8

3. 在 Python 中，若 def f1(p,**p2):print(type(p2))，则 f1(1)的运行结果是（   ）。
   A. <class 'int'>   B. <class 'str'>

C．<class 'dict'>　　　　　　　　　　D．<class 'list'>

4．在 Python 中，若 def f1(a,b,c):print(a+b);nums=(1,2,3);f1(*nums)的运行结果是（　　）。

　　A．语法错　　　　B．6　　　　　　C．3　　　　　　　D．1

5．下列 Python 语句的运行结果是（　　）。

```
def f(a,b):
    if b==0:print(a)
    else:f(b,a%b)
f(9,6)
```

　　A．语法错　　　　B．3　　　　　　C．6　　　　　　　D．9

6．下列 Python 语句的运行结果是（　　）。

```
def judge(param1,*param2):
    print(type(param2))
    print(param2)
judge(1,2,3,4,5)
```

　　A．<class 'tuple'>　　　　　　　B．<class 'int'>

　　　　(2, 3, 4, 5)　　　　　　　　　　1

　　C．<class 'list'>　　　　　　　　D．<class 'int'>

　　　　[2, 3, 4, 5]　　　　　　　　　2, 3, 4, 5

7．Python 提供的查找算法包含（　　）。

　　A．search()、max()、min()　　　　B．max()、min()、运算符 in

　　C．index()、max()、min()　　　　D．max()、min()

8．下面代码实现的功能是（　　）。

```
def fact(n):
    if n==0:
        return 1
    else:
        return n*fact(n-1)
num =eval(input("请输入一个整数："))
print(fact(abs(int(num))))
```

　　A．接收用户输入的整数 n，输出 n 的阶乘值

　　B．接收用户输入的整数 n，判断 n 是否是素数并输出结论

　　C．接收用户输入的整数 n，判断 n 是否是水仙花数

　　D．接收用户输入的整数 n，判断 n 是否是完数并输出结论

9．下列 Phthon 语句的运行结果是（　　）。

```
d = {}
for i in range(26):
    d[chr(i+ord("a"))] = chr((i+13) % 26 + ord("a"))
for c in "Python":
    print(d.get(c, c), end="")
```

　　A．Plguba　　　　B．Cabugl　　　　C．Python　　　　D．Pabugl

10．已知函数定义如下：

```
def func(*p):
    return sum(p)
```

那么表达式 func(1,2,3)的值为（　　）。

  A．2   B．6   C．3   D．1

11．已知函数定义如下：

```
def func(**p):
    return sum(p.values())
```

那么表达式 func(x=1, y=2, z=3)的值为（　　）。

  A．6   B．1   C．2   D．3

12．已知 f=lambda x: 5，那么表达式 f(3)的值为（　　）。

  A．5   B．3   C．8   D．其他三个选项都不对

13．下列函数实现的功能是（　　）。

```
def fact(n):
    if n==1:
        f=1
    else:
        f=n*fact(n-1)
    return f
```

  A．n 的乘法   B．n 的阶乘

  C．n 个 n 相乘   D．其他三个选项都不对

14．下列代码中的实参是（　　）。

```
def showmul(x):
    return x*x
n=3
y= showmul(n)
print(y)
```

  A．x   B．showmul   C．n   D．y

15．下列 Python 语句的运行结果是（　　）。

```
def main(name):
    if name == 'a':
        print(1)
    else:
        print(2)
main('a')
```

  A．1,1   B．3   C．1   D．5

16．下列关于函数的表述正确的是（　　）。

  A．一个函数中只允许有一条 return 语句

  B．在 Python 中，def 和 return 是函数必须使用的保留字

  C．Python 函数定义中若没有对参数指定类型，这说明参数在函数中可以当作任意类型使用

  D．函数 eval()可以用于数值表达式求值，例如 eval("2*3+1")

17．关于以下程序说法错误的是（　　）。

```
def func(a,b):
    c=a**2+b
```

```
        b=a
        return c
a=10
b=100
c=func(a,b)+a
```

  A．执行该程序后，变量 c 的值为 200

  B．该函数名称为 func

  C．执行该程序后，变量 b 的值为 100

  D．执行该程序后，变量 a 的值为 10

18．下列关于函数调用描述正确的是（   ）。

  A．函数在调用前不需要定义，拿来即用就好

  B．函数和调用只能发生在同一个文件中

  C．自定义函数调用前必须定义

  D．Python 内置函数调用前需要引用相应的库

19．下列 Python 语句的运行结果是（   ）。

```
f=lambda x,y:y+x
f(10,10)
```

  A．10   B．20   C．10,10   D．100

20．关于以下程序的描述中，错误的是（   ）。

```
def fact(n):
    s = 1
    for i in range(1,n+1):
        s *= i
    return s
```

  A．代码中 n 是可选参数   B．fact(n)函数功能为求 n 的阶乘

  C．s 是局部变量   D．range()函数是 Python 内置函数

21．下列 Python 语句的运行结果是（   ）。

```
def func(a,b):
    a *= b
    return a
s = func(5,2)
print(s)
```

  A．25   B．20   C．10   D．5

22．下列 Python 语句的运行结果是（   ）。

```
ls = ["car","truck"]
def funC(A):
    ls.append(A)
    return
funC("bus")
print(ls)
```

  A．['bus']   B．['car','truck']   C．['car','truck', 'bus']   D．[]

23．下列 Python 语句的运行结果是（   ）。

```
t=10.5
```

```
def above_zero(t):
    return t>0
```

  A．10.5   B．False   C．没有输出   D．True

24．下列 Python 语句的运行结果是（　　）。

```
def young(age):
    if 12 <= age <= 17:
        print( "作为一个大学生，你很年轻")
    elif age <12:
        print( "作为一个大学生，你太年轻了")
    elif age <= 28:
        print( "作为一个大学生，你要努力学习")
    else:
        print( "作为一个大学生，你很有毅力")
young(18)
```

  A．作为一个大学生，你很有毅力 B．作为一个大学生，你很年轻

  C．作为一个大学生，你太年轻了 D．作为一个大学生，你要努力学习

25．下列 Python 语句的运行结果是（　　）。

```
def fibRate(n):
    if n <= 0:
        return -1
    elif n == 1:
        return -1
    elif n == 2:
        return 1
    else:
        L = [1, 1]
        for i in range(2,n):
            L.append(L[-1]+L[-2])
        return L[-2]/L[-1]
print(fibRate(5))
```

  A．-1   B．0.625   C．0.6   D．0.5

26．以下关于函数返回值的描述中，正确的是（　　）。

  A．Python 函数可以没有返回值，也可以有一个或多个返回值

  B．函数定义中最多含有一个 return 语句

  C．在函数定义中使用 return 语句时，至少有一个返回值

  D．函数只能通过 print 语句和 return 语句给出运行结果

27．下列 Python 语句的运行结果是（　　）。

```
def Hello(famlyName,age):
    if age > 50:
        print("您好！ "+famlyName+"大爷")
    elif age > 40:
        print("您好！ "+famlyName+"叔叔")
    elif age > 30:
        print("您好！ "+famlyName+"大哥")
```

```
    else:
        print("您好！"+"小"+famlyName)
Hello(age=60, famlyName="王")
```

    A．函数调用出错   B．您好！王叔叔

    C．您好！王大哥   D．您好！王大爷

28．下列 Python 语句的运行结果是（   ）。

```
def f(x):
    cc=10
    x=0
    return cc
x=2
print(f(x))
```

    A．0   B．1   C．2   D．10

29．下列 Python 语句的运行结果是（   ）。

```
def f(n):
    L=[]
    for i in range(1,n):
        if n%i==0:
            L.append(i)
    return L
print(f(8))
```

    A．[1,2,3,4,5,6,7]   B．[1,2,3,4,5,6,7,8]

    C．[1,2,4]   D．[3,5,6]

30．运行此程序，如果输入数字 6，则输出的结果是（   ）。

```
def ff(n):
    L=[]
    for i in range(1,n+1):
        if n%i!=0:
            L.append(i)
    return L
a1= int(input(""))
print(ff(a1))
```

    A．[4,5]   B．[1,2,3,4,5,6]   C．[1,2,3,4,5]   D．[1,2,3]

31．下列 Python 语句的运行结果是（   ）。

```
def xc(x,y):
    for k in range(1,x+1):
        if k/3==int(k/3):
            y+=1
    return y
print(xc(3,1))
```

    A．0   B．1   C．2   D．3

二、编程题

1．编写函数 area(r)，该函数可以根据半径 r 求出圆的面积。调用 area(r)函数，求半径分

别为 3.5、2.9 的圆的面积，并求外圆半径为 6.2、内圆半径为 3.3 的圆环的面积，结果保留两位小数。

2. 编写函数 showMsg(n,name)，它可以输出 n 行的字符串 "Happy Birthday***"，如果 "***" 为 "小明"，则输出 n 行的 "Happy Birthday 小明"。

3. 编写函数 avg(a,b,c)，它可以返回 a、b、c 的整数平均值 return int((a+b+c)/3)，调用函数求每个学生的平均成绩。

已知成绩列表 s={'小李':[77,54,57],'小张':[89,66,78],'小陈':[90,93,80],'小杨': [69,58,93]}。

输出结果为： {'小李':62,'小张':77,'小陈':87,'小杨':73}。

4. 编写函数 avg(lst)，参数 lst 是一个列表。函数可以返回 lst 的整数平均值 return int(sum(lst)/len(lst)，调用函数求每个学生的平均成绩。

已知成绩列表 s={'小李': [77,54],'小张': [89,66,78,99],'小陈':[90],'小杨':[69,58,93]}。

输出结果为： {'小李': 65，'小张'： 83，'小陈'： 90，'小杨':73}。

5. 现有一个字典存放着学生的学号和成绩。成绩列表里的三个数据分别是语文、数学和英语成绩，字典如下：

dict={'01':[67,88,45],'02':[97,68,85],'03':{97,98,95},'04':{67,48,45},'05':{82,58,75},'06':[96,49,65]}

完成以下操作：

（1）编写函数，返回每门成绩均大于等于 85 分的学生的学号。

（2）编写函数，返回每一个学号对应的平均分（sum 和 len）和总分（sum），结果保留两位小数。

（3）编写函数，返回按总分升序排列的学号列表。

6. 用递归方法求数列 "1,1,1,3,5,9,17,31…" 的前 20 项。

第7章 文　　件

文件的使用可以简化代码并保证输入的正确性。文件用于输出时，其最大优势在于可以将程序运行结果长期保存。

7.1　文件基础知识

文件是一组相关数据的集合。组成文件的数据可以是 ASCII 编码，也可以是二进制编码。

7.1.1　文件名

文件一定有一个文件名，文件名的长度和命名规则因不同的操作系统而异。但是无论是哪种操作系统，文件名都包含两部分：文件名和扩展名，两者之间用"."隔开。其中文件名由用户根据操作系统的命名规则自行命名，用来与其他文件加以区别；扩展名根据文件类型对应专属的缩写，用来指定打开和操作该文件的应用程序。例如，Python 源程序文件对应的扩展名就是.py，表示该文件需要用 Python 解释器打开和处理。

一般来说，文件都是按文件名访问的，一方面通过主文件名指明访问对象，另一方面通过扩展名指定访问和处理文件的应用程序。

7.1.2　目录与文件路径

文件是用来组织和管理一组相关数据的，而目录是用来组织和管理一组相关文件的，目录又可称为文件夹，可以包含文件，也可以包含其他目录。

文件可以存放在一个目录之中，也可以存放在多层子目录中，文件保存的位置称为路径。

1. 绝对路径

绝对路径是指从文件所在的驱动器名称（又称"盘符"）开始描述文件的保存位置。如 "F盘根目录下 documents 目录下 python 目录下的 5-1.py 文件"。具体可表示为：F:\documents\python\5-1.py。其中，反斜杠"\"是盘符、目录和文件之间在 Windows 操作系统中的分隔符。

如果要在 Python 程序中描述一个文件的路径，需要使用字符串。因为在字符串中，反斜杠"\"是转义字符，为了还原反斜杠分隔符的含义，在字符串中需要连续写两个反斜杠，如：

```
"F:\\documents\\python\\5-1.py"
```

为了书写简便，Python 提供了另一种路径字符串的表示方法：

```
r   "F:\documents\python\5-1.py"
```

其中，r 表示取消后续连续字符串中反斜杠"\"的转义特性。

2. 相对路径

相对路径是指从当前工作目录开始描述文件的保存位置。每个运行的程序都有一个当前工作目录，称为 cwd。

一般来说，当前工作目录默认为应用程序的安装目录，可以通过 Python 自带的 os 库函数重新设置。下面将 cwd 从系统默认的目录修改为 documents 目录。

```
>>>import os
>>>os.getcwd()                    #查看当前工作目录
"c:\\programs\\python\\python37-32"
>>>os.chdir("f:\\documents")
>>>os.getcwd()
"f:\\documents"
```

经过上述代码的设置，当前的工作目录被修改为 F 盘根目录下的 documents 目录。

和绝对路径相比，相对路径中的盘符值到当前工作目录部分都缺省了，系统默认从当前工作目录开始根据路径描述定位文件。

7.2　文　件　操　作

通过绝对路径或相对路径可以找到任何一个文件，找到文件后，就可以对其进行相关的文件操作。一般来说，文件的操作分以下三个步骤：

（1）打开文件。

（2）读文件或者写文件。

（3）关闭文件。

7.2.1　文件的打开与关闭

1. 文件的打开

大部分文件都是长期保存在外部储存器的，操作时必须先调入内存，而"打开"操作就是将文件从外部储存器调入内存的过程。这个过程需要使用 Python 内置的 open()方法，并生成一个 file 对象，具体的语法格式如下：

file 对象名 = open(文件路径字符串,模式字符)

其中，文件路径字符串可以采用绝对路径，也可以采用相对路径；模式字符用于指定打开文件的类型和操作文件的方式，具体文件打开模式如表 7-1 所示。

表 7-1　文件打开模式

打开模式	文件类型	操作方式	文件不存在时	是否覆盖写
'r'	文本文件	只可读文件	报错	否
'r+'		可读可写文件	报错	是
'w'		只可写文件	新建文件	是
'w+'		可读可写	新建文件	是
'a'		只可写文件	新建文件	否，从 EOF 处开始追加写
'a+'		可读可写	新建文件	否，从 EOF 处开始追加写

打开模式	文件类型	操作方式	文件不存在时	是否覆盖写
'rb'		只可读文件	报错	否
'rb+'		可读可写	报错	是
'wb'	二进制文件	只可写文件	新建文件	是
'wb+'		可读可写	新建文件	是
'ab'		只可写文件	新建文件	否，从 EOF 处开始追加写
'ab+'		可读可写	新建文件	否，从 EOF 处开始追加写

文本文件，严格地说应该是纯文本文件，指只包含基本文本字符，不包含字体、大小、颜色等格式信息的文件。最常见的文本文件是.TXT 文件，Python 源码文件对应的.PY 文件也是一种文本文件。

除了文本文件外，其他文件基本是二进制文件，如.DOC 文件、.XLS 文件、声音文件、图像文件、.EXE 文件等。不同类型的二进制文件需要借助不同的库进行不同的处理。

2. 文件的关闭

执行 open()方法打开文件后，这个文件就被 Python 程序占用并被调入内存。其后所有的读写操作都发生在内存，并且其他任何应用程序都不能操作该文件。

当读写操作结束后，必须将文件从内存保存到外存。这样做一方面为了将内存中文件的变化同步至外存，以便长期保存；另一方面是为了释放 Python 程序对文件的占用，让其他应用程序能够操作文件。

将文件保存到外存的操作是由文件对象的 close()方法实现的，具体的语法格式如下：

file 对象.close()

下列代码中首先将当前工作目录设置为 python，然后尝试用只读模式打开当前目录下名为 mydata.txt 的文本文件，由于该文件不存在，因此系统报错；再次尝试用只写模式打开文件时，命令顺利执行，系统会在 python 目录下新建一个大小为 0 字节、名称为 mydata.txt 的文件，并将其与文件对象 file 进行关联。

```
>>>import os
>>>os.chdir ("F:\\documents\\python")
>>>file=open("mydata.txt",'r')
Traceback (most recent call last):
    File "<pyshe11#4>",line 1,in <module>
        file=open ("mydata.txt")
FileNotFoundError:[Errno 2] No such file or directory:'mydata.txt'
>>>file=open("mydata.txt",'w')
>>>file
<_io.Text IOWrapper name= " mydata.txt " mode="w" encoding="cp936">
#接下来，将关闭打开的 mydate.txt 文件。
 >>>file.close ()
 >>>file
  <_io.Text IOWrapper name= 'mydata.txt'   mode='w'   encoding='cp936'>
```

```
>>>file.write("文件已关闭")
Trace back (most recent call last):
    File"<pyshell#28>",line 1, in <module>
        file.write("文件已关闭")
    Value Error: I/O operation on closed file
```

调用了 close()方法后，文件对象 file 依然与 mydata.txt 文件相关联，但是执行写操作时，系统报错，不允许对已关闭的文件执行任何读写操作。

在 Python 程序中，文件一旦被打开就会和一个 file 对象相关联，随后的文件操作都通过调用 file 对象的方法来实现。

7.2.2 写文件

通过内置 open()方法以写模式在 python 目录下新建一个新文件 mydate.txt 并写入内容。后续所有的文件操作都假设当前目录为 python。

1. 用 file 对象的 write()方法写文件

write()方法将指定的字符串写入文件当前插入点位置，具体的语法格式如下：

file.write(写入字符串)

例如：

```
>>>file=open("mydate.txt", "w")
>>>file=open("c:\\ mydate.txt", "w")
>>>file=write("飞雪连天射白鹿")
7
>>>file.write("笑书神侠倚碧鸳")
7
>>>file.close()
```

上面的代码将文件以写模式打开后，连续两次调用了 write()方法，写入了两个字符串，每一次调用 write()方法，系统都会返回这次写入文件的字符数。

从图 7-1 的文本文件 mydate.txt 的内容中可以看出。

（1）打开文件执行写入操作时，连续的 write()方法将按照先后顺序依次写字符串。

（2）文件的 write()方法将指定的字符串原样写入文件，连续写入的不同字符串之间不会添加任何分隔符。

图 7-1　文件 mydate. txt 的内容

2. 用 file 对象的 writelines()方法写文件

用 file 对象的 writelines()方法可以以序列的形式接收多个字符串作为参数，一次性写入多个字符串,具体的语法格式如下：

file 对象.writelines(字符串序列)

例如：

```
>>>file=open("飞雪连天射白鹿")
>>>file.writelines(["飞雪连天射白鹿\t", "笑书神侠倚碧鸳\n"])
>>>file.writelines(["横批：越女剑\n"])
>>>file.close
```

writelines()方法和 write()方法一样，都是将字符串原样写入文件，不添加任何分隔符，所以只有在列表参数的每个字符串末尾加上对应的分隔符才能得到的带制表符和换行的文件内容，如图 7-2 所示。

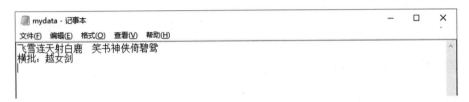

图 7-2　文件 mydata.txt 的内容

write()方法和 writelines()方法也可以用于追加模式（'a'或者'a+'），它与只写模式（'w'）的区别是追加模式写入的字符串都是从文件结尾处开始写入。

注意：writelines()方法的参数除了列表，也可以是集合、元组，甚至是字典，但是元素一定要是字符串。其中集合与字典作参数时，写入文件的内容形式和预期的会有不同。

7.2.3　读文件

和写操作类似，Python 也定义了相应的方法用来在程序中读文件。

1. 用 file 对象的 read()方法读文件

read()方法读出文件所有内容并作为一个字符串返回，具体的语法格式如下：

字符串变量=file 对象.read()

例如：

```
>>>file=open("c:\\mydata.txt","r")
>>>text=file.read()
>>>text
'飞雪连天射白鹿\t 笑书神侠倚碧鸳\n 横批：越女剑\n'
>>>file.close()
```

上述示例中，read()方法读取了 mydata.txt 文件中包括分隔符在内的所有内容，并将其作为一个字符串返回赋值给了 text 变量。

2. 用 file 对象的 readline()方法读文件

readline()方法将读出文件中当前行，并以字符串的形式返回，具体的语法格式如下：

字符串变量=file 对象.readline()

例如：

```
>>>file=open("mydata.txt","r")
>>>text=file.readline()
>>>text
'飞雪连天射白鹿\t 笑书神侠倚碧鸳\n'
```

```
>>>text=file.readline()
>>>text
'横批：越女剑\n'

>>>file.close()
```

在示例代码中，用读模式打开文件后，连续两次调用了 readline()方法，依次读出了文件中的两行。可见，如果文件包含更多行，只需配合恰当的 for 循环也能顺利按行读出整个文件的内容。

3. 用 file 对象的 readlines()方法读文件

readlines()方法以列表的形式返回整个文件的内容，其中一行对应一个列表元素，具体的语法格式如下：

列表变量=file 对象.readlines()

例如：

```
>>>file=open("mydata.txt","r")
>>>ls=file.readlines()
>>>ls
['飞雪连天射白鹿\t 笑书神侠倚碧鸳\n', '横批：越女剑\n']
```

与 readline()方法相比，readlines()方法以更简洁的方式按行读出了整个文件内容，后续只要通过列表遍历就可以取出任意一行进行处理。

7.3　CSV 文件操作

CSV 文件（Comma Separated Values，逗号分隔值）可以理解为用带逗号分隔（也可以是其他简单字符分隔）的纯文本形式存储表格数据的文件。

CSV 文件可以用记事本、写字板和 Excel 打开。数据可以存储为图 7-3 所示的 stu.csv 文件，其用 Excel 打开后的界面如图 7-4 所示。

图 7-3　stu.csv 文件

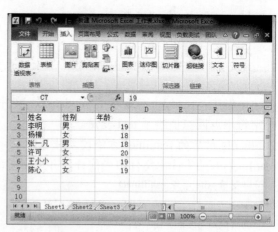

图 7-4　用 Excel 打开 stu.csv 文件

因为不带任何格式信息，所以 CSV 文件广泛应用于在不同程序之间转移表格数据。作为 CSV 文件，一般需要具有以下几个特征。

（1）纯文本，使用某个字符集，如 ASCII、Unicode、EBCDIC 或 GB2312。

（2）由记录组成，一行对应一条记录，每行开头不留空格。

（3）每条记录被英文半角分隔符（可以是逗号、分号、制表符等）分割为多个字段。

（4）每条记录都有同样的字段序列。

（5）如果文件包含字段名，字段名写在文件第一行。

（6）不包含特殊字符，文件中均为字符串。

针对 CSV 文件，Python 内置同名模块 CSV 进行读写操作，使用时需要定义 reader 对象和 writer 对象。

7.3.1　CSV 文件的打开

CSV 文件可以使用 open()方法直接打开，但是使用 open()方法打开的文件一定要通过调用 close()方法进行关闭。因此，当需要频繁进行文件操作时，使用 open()方法会显得有些烦琐。所以 Python 引入了 with 语句用来打开文件，并在文件操作结束后自动关闭文件，具体的语法格式如下：

with open(文件路径字符串，模式字符) as 文件对象名：
　　文件操作语句

例如：

```
>>>with open("c:\\mydata.txt",'r') as file:
    print(file.readline())
    print(file.readline())
飞雪连天射白鹿　　笑书神侠倚碧鸳
横批：越女剑
```

上述代码中，使用 with 语句用读模式打开 mydata.txt 文件后，两次调用 readline()方法读出了文件中两行的内容。当文件读操作结束后，系统自动调用 close()方法来关闭文件。

从结构上来看，with 语句更清晰地描述文件从打开到操作完毕的整个过程，使用起来更为方便简洁。在后续 CSV 文件的操作中，都将使用 with 语句来打开文件。

7.3.2　reader 对象

使用 csv 模块读取 CSV 文件数据时需要先创建一个 reader 对象，然后通过迭代遍历 reader 对象来遍历文件中的每一行。下面以读 stu.csv 文件为例来讲解 reader 对象的具体使用方法。

```
>>>import csv
>>>with open("c:\\stu.csv","r") as stucsv:
    reader=csv.reader(stucsv)
    for row in reader:
        print(row)
```

运行结果：

```
['姓名','性别','年龄']
['李明','男','19']
['杨柳','女','18']
['张一凡','男','18']
['许可','女','20']
```

['王小小','女','19']
['陈心','女','19']

上述代码中，用 with 语句以读模式打开 stu.csv 文件后，针对该文件定义了一个 reader 的对象，然后通过 for 循环遍历 reader 对象，实现按行输出文件中的数据。从输出形式来看，每一行都以列表的形式输出，且文件中所用的数据都是字符串。

7.3.3　writer 对象

用 csv 模块将数据写入 CSV 文件时就需要创建 writer 对象。因为文件都是按行存储的，所以写文件时需要调用 writer 对象的 writerow()方法，将列表存储的一行数据写入文件。下面依然以 stu.csv 文件为例，通过 csv 模块的 writer 对象向文件中追加两条新的记录。

```
>>>with open("stu.csv",'a') as stucsv
    writer=csv.writer(stucsv)
    writer.writerow(['张芳','女','20'])
    writer.writerow(['王虎','男','18'])
```

执行上面的代码段后，使用 Excel 软件打开 stu.csv 文件，出现了两个空行如表 7-2 所示。

表 7-2　新写入的记录之间出现空行

姓名	性别	年龄/岁
李明	男	19
杨柳	女	18
张一凡	男	18
许可	女	20
王小小	女	19
陈心	女	19
张芳	女	20
王虎	男	18

对于 CSV 文件，如果在记录之间出现了空行，在读文件的时候会出现错误。因此需要修改代码，在打开文件时增加一个参数 newline=' '，指明在写入新的记录后不插入空行如表 7-3 所示。

```
>>>important csv
>>>with open("stu.csv",'a' newline=' ') as stucsv:
    writer=csv.writer(stucsv)
    writer.writerow(['张芳','女','20'])
    writer.writerow(['王虎','男','18']
```

csv 的 writer 对象也提供一次写入多行的 writerows()方法。writerows()方法将参数列表中的每一个元素列表作为一行写入 CSV 文件。

表 7-3   增加参数 newline=' '后新记录之间没有空行

姓名	性别	年龄/岁
李明	男	19
杨柳	女	18
张一凡	男	18
许可	女	20
王小小	女	19
陈心	女	19
张芳	女	20
王虎	男	18

下列代码示范了如何调用 writerows()方法一次写入两行记录。

```
>>>import csv
>>>with.open("stu.csv",'a',newline=' '）as stucsv:
    writer=csv.writer(stucsv)
    writer.writerows([['张芳', '女', '20'],['王虎', '男', '18']])
```

writer 对象的 writerows()方法只接收一个序列作为参数，可以是列表，也可以是元组。

7.4 异常和异常处理

异常和异常处理是指程序设计中可能出现的非语法问题的异常现象及对其所进行的处理。

7.4.1 异常定义

在学习 Python 的过程中，可能碰到程序出错的情况。出错的原因有可能是引用了未定义的变量，有可能是访问了字典不存在的键，也有可能是用读模式打开了一个不存在的文件。不管因为什么出现的错误，都会导致程序终止运行，并输出错误消息。这些影响了程序的正常执行的错误被称为异常。

在 Python 中，不同的异常被定义为不同的对象，对应不同的错误。表 7-4 是 Python 中几种常见异常及其描述。

表 7-4   几种常见异常及其描述

异常名称	描述
Exception	常规异常基类
ZeroDivisionError	除数为零
IOError	输入/输出操作失败
IndexError	序列中，没有此索引（index）
KeyError	映射中没有这个键
NameError	未声明/初始化对象（没有属性）

异常会立即终止程序的执行，无法实现原定的功能。但是，如果在异常发生时，能及时捕捉并做出处理，就能控制异常、纠正错误、保证程序顺利执行。

7.4.2 异常处理

Python 中通过 try 子句来进行异常的捕获与处理，语法格式如下：

```
try:
    语句
except  异常名称:
    捕获异常时处理
else:
    未发生异常时处理
```

程序执行时，如果 try 子句中发生了指定的异常，则执行 except 子句部分；如果 try 子句部分执行未发生异常，则执行 else 子句部分。

【例 7-1】从键盘输入 a 和 b，求 a 除以 b 的结果并输出。

【分析】从键盘输入除数，有可能会输入 0，而除数为 0 是一个很严重的错误，应该进行 ZeroDivisionError 异常的捕获和处理。

【参考代码】

```
try:
    a=int(input("a="))
    b=int(input("b="))
    c=a/b
except Exception:
    print("除数不能为 0！")
else:
    print("c=",c)
```

运行结果 1：

```
a=10
b=0
除数不能为 0！
```

运行结果 2：

```
a=10
b=5
c= 2.0
```

第一次运行程序时，输入的 b 为 0，程序捕获到了该异常并输出出错信息；第二次运行程序时，输入的 b 非 0，程序没有捕获到任何异常，程序执行了 else 子句部分，顺利输出了 10 除以 5 的结果。

【例 7-2】读取并输出 C:\documents\python 目录下 data2.txt 文件中的内容，如果文件不存在则提醒用户先创建文件。

【分析】题目要求读出文件内容，需要用读模式打开。但是如果文件不存在，系统会报错，所以需要进行 IOError 异常的捕获和处理。

【参考代码】

```
#如果文件不存在则提醒用户先创建文件
```

```
import os
os.chdir(r'c:\documents\python')

try:
    file=open("data2.txt",'r')
except IOError:
    print("data2.txt 文件不存在，请先创建！")
else:
    text=file.read()
    print("data2.txt 内容:\n",text)
    file.close()
```

运行结果：

data2.txt 文件不存在，请先创建！

用户根据提示信息创建 data2.txt 文件并输入"同学们好！"内容后，再次执行程序，没有触发任何异常，程序执行了 else 子句部分，输出了文件中保存的文本信息。

运行结果：

data2.txt 内容:
　同学们好！

异常处理不能"消灭"异常本身，但是却可以让原本不可控的异常及时被发现，并按照设计好的方式被处理。

异常处理让程序不会被意外终止，而是按照设计以不同的方式结束运行。在这个设计中，except 后的异常类型至关重要，需要根据 try 子句部分的具体操作进行恰当的选择。

7.5　综合应用实例

【**例 7-3**】一年级要举行一个猜谜比赛，需要从儿童谜语集中随机抽题组成 5 份试卷。已知儿童谜语集存储在 F: \documents\Python 目录下命名为"儿童谜语集.csv"的文件中，内容如图 7-5 所示。现要求每一份试卷中包含 10 道谜语，请编写程序完成组卷，并生成试卷文件和答卷文件。

【**分析**】题目要求生成试卷文件和答卷文件，考虑到谜面和谜底的一一对应，应该用字典存储谜语集，其中谜面作为键、谜底作为值。然后将字典中所有的键组成列表，使用 shuffle() 方法将列表打乱，取 10 个元素组成一张试卷，在字典中取其对应的值组成答卷。可考虑通过以下步骤实现：

（1）以读模式打开"儿童谜语集.csv"文件，将其中的谜面和谜底分别作为键和值生成字典 riddles。

（2）提取字典中的所有键（谜面）生成列表，调用 random 模块的 shuffle() 方法，将列表打乱，提取 10 个元素组成一张谜语试卷对应的谜语列表，共生成 5 张谜语试卷，并将其充当元素组成试卷列表 lsPapers。

（3）根据 lsPapers 列表，访问字典 riddles，生成 5 张答卷列表 lsAnswers。

（4）根据 lsPapers 列表和 lsAnswers 列表创建 5 个试卷文件 paper1.txt～paper5.txt 和 5 个答卷文件 answer1.txt～answer5.txt。

为了保证程序的通用性，在编写程序时定义了变量 n 存放要生成的试卷和答卷的套数。同时定义了 getDic()函数、createPapers()函数和 createFiles()函数分别用来实现字典生成、试卷列表生成和试卷答卷文件生成功能，使程序具有更好的可读性。

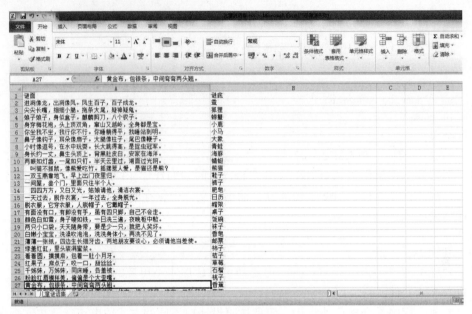

图 7-5　儿童谜语集

【参考代码】

```
import os
import csv
import random
#定义函数打开文件，将谜语集读成字典
def getDic(filename):
    dic={}
    with open(filename,'r',encoding='utf-8')    as file:
        reader= csv.reader(file)
        next(reader)                        #跳过文件中的表头
        for row in reader:
            dic[row[0]]=row[1]              #谜面作为 key，谜底作为 value
    return dic


#定义函数根据 dic 生成长度为 n 的试卷列表，其中每一个元素为一套试卷列表
def createPapers(dic,n):
    tests=[]
    Items=list(dic.key())
    for i in range(n):
        random.shuffle(items)
        ls=items[:10]
        tests.append(ls)
    return tests
```

```
#定义函数根据 lsPapers 和 lsAnswers 生成 n 个试卷文件和 n 个答卷文件
def createFiles(lsPapers,lsAnswers,n):
for i in range(n):
    fpn="paper" + str(i+1) + ".txt"
    with open(fpn,"w",encoding="utf-8") as filep:
        filep.writelines(item + "\n" for item in lsPapers[i]))
    fan="answer" + str(i+1) +".txt"
    with open(fan."w".encoding="utf=8") as filea:
        fileFreq.writelines(items)

#主程序，生成 n 套试卷和答卷
os.chdir("f:\\documents\\python")
fn="儿童谜语集.csv"
n=5
riddles=getDic(fn)
papers=createPapers(riddles,n)

answers=[]                         #根据谜面列表 papers 生成对应答案列表
for paper in papers:
    ans=[riddles[item] for item in paper]
    answers.append(ans)
createFiles(papers,answers,n)
"儿童谜语集.csv"
```

文件中第一行为表头，不能作为谜面和谜底，因此程序使用 next() 函数跳过了表头，避免其加入谜语集字典中。

因为本题处理的是中文文本文件，所以为了避免中文编码引起的读写错误，程序中所有打开文件的操作都增加了 encoding 参数将编码指定为 UTF-8 编码。

本 章 小 结

本章从文件的基础知识入手介绍了文件和文件的基本操作，文件的基本操作包括打开、读写和关闭三个步骤。本章以文本文件为例详细讲解了这三个步骤的含义与实现方法，同时针对通用性很强的 CSV 文件介绍了其 reader 对象和 writer 对象的具体使用。结合文件读写，本章还介绍了异常的概念和简单的异常处理，并通过实例演示了异常处理的具体操作和应用。

课 后 习 题

一、单选题

1. 文件的两种类型是（　　）。
   A．进制文件和编码文件　　　　　　B．编码文件和文本文件
   C．文本文件和二进制文件　　　　　D．进制文件和文本文件

2. Python 使用 open()方法打开文件时，该函数的两个参数先后顺序是（ 　 ）。
　　A．文件路径和创建模式　　　　　　B．文件路径和释放模式
　　C．文件名和打开模式　　　　　　　D．打开模式和文件名

3. Python 读取文件的操作方法不包括（ 　 ）。
　　A．readline　　　　B．readtext　　　　C．readlines　　　　D．read

4. Python 可以读取（ 　 ）文件。
　　A．文本文件　　　　　　　　　　　B．XML 文件
　　C．JSON 文件　　　　　　　　　　D．其他三个选项都正确

5. 以下选项中，不是 Python 对文件进行写操作的方法是（ 　 ）。
　　A．writelines　　　　B．write　　　　C．write 和 seek　　　　D．writetext

6. 以下选项中，不是 Python 的文件打开模式的是（ 　 ）。
　　A．'r'　　　　　　　B．'+'　　　　　　C．'w'　　　　　　D．'c'

7. 关于 Python 文件打开模式的描述，以下选项错误的是（ 　 ）。
　　A．只读模式 r　　　　　　　　　　B．追加写模式 a
　　C．创建写模式 n　　　　　　　　　D．覆盖写模式 w

8. 关于下面代码中的变量 x，以下选项描述正确的是（ 　 ）。

```
fo=open('fname.txt', "r")
for x in fo:
    print(x)
fo.close()
```

　　A．变量 x 表示文件中的一组字符　　B．变量 x 表示文件中的全体字符
　　C．变量 x 表示文件中的一个字符　　D．变量 x 表示文件中的一行字符

9. 关于文件的打开方式，以下选项中描述正确的是（ 　 ）。
　　A．文件只能选择以二进制方式或文本方式打开
　　B．所有文件都能以二进制方式打开
　　C．文本文件只能以文本方式打开
　　D．所有文件都能以文本方式打开

10. 当打开一个不存在的文件时，以下选项描述正确的是（ 　 ）。
　　A．一定会报错　　　　　　　　　　B．根据打开类型不同，可能不报错
　　C．文件不存在则创建文件　　　　　D．不存在文件无法被打开

11. 以下关于 Python 中 try 子句的描述中，错误是（ 　 ）。
　　A．一个 try 子句可以对应多个处理异常的 except 子句
　　B．当执行 try 子句触发异常后，会执行 except 后面的语句
　　C．try 用来捕捉执行代码时，发生的异常，处理异常后能够回到异常处继续执行
　　D．try 子句不触发异常时，不会执行 except 后面的语句

12. 关于 Python 对文件的处理，以下选项描述错误的是（ 　 ）。
　　A．Python 通过解释器内置的 open()方法打开一个文件
　　B．当文件以文件方式被打开时，读写按照字节流方式
　　C．文件使用结束后要用 close()方法关闭，以释放文件的使用授权

D．Pyhton 能够以文本和二进制两种方式处理文件

13．以下选项中不是 Python 对文件进行写操作的是（　　）。

　　A．writelines　　　　　　　　　　B．write 和 seek

　　C．writetext　　　　　　　　　　 D．write

14．关于 try 子句，选项描述正确的是（　　）。

　　A．try 子句可以捕获所有类型的程序错误

　　B．编写程序时应尽可能多地使用 try 子句，以提供更好的用户体验

　　C．try 子句在程序中不可替代

　　D．try 子句通常用于检查用户输入的合法性、文件打开或网络获取的成功性等

二、编程题

1．请根据第 5 章课后习题编程题（1）中最后生成的通讯录字典创建"通讯录.csv"文件；然后编写程序实现查询大王的手机号、QQ 号和微信号。

2．请将例 4-5 中的问卷调查结果用文本文件 result.txt 保存，并编写程序读该文件然后统计各评语出现的次数，再将最终结果追加至 result.txt 文件。

注意： 以上习题都请考虑文件读写时的异常处理。

第 8 章　time 模 块

在应用程序的开发过程中，可能会遇到需要对日期、时间进行处理的情况。如记录一个复杂算法的执行时间、网络通信中数据包的延迟等。Python 提供了 time、datetime、calendar 等模块来处理日期时间，本章主要介绍 time 模块中最常用的几个函数。

8.1　相 关 概 念

时间表示方法主要有：时间戳（timestamp），如 1598601684.2067122；UTC（Coordinated Unirersal Time，世界标准时间），如'2020-08-28:15:20:28'；元组（struct_time），如 time.struct_time（tm_year=2020,tm_mon=8,tm_mday=28,tm_hour=15,tm_min=14,tm_sec=26,tm_wday=4,tm_wday=241,tm_isdst=0）。

1. 时间戳

时间戳表示从 1970 年 1 月 1 号 00:00:00 开始到现在按秒计算的偏移量。

2. 世界标准时间

世界标准时间，也称格林威治天文时间，在中国为 UTC+8，DST（Daylight Saving Time）为夏令时。

3. 元组

struct_time 元组共有 9 种元素，返回 struct_time 的函数主要有 gmtime()、localtime()和strptime()。表 8-1 为元组方式中的九种元素。

表 8-1　元组方式中的九种元素

索引（Index）	属性（Attribute）	值（Values）
0	tm_year（年）	比如 2011
1	tm_mon（月）	1～12
2	tm_mday（日）	1～31
3	tm_hour（时）	0～23
4	tm_min（分）	0～59
5	tm_sec（秒）	0～61
6	tm_wday（星期）	0～6（0 表示周日）
7	tm_yday（一年中的第几天）	1～366
8	tm_isdst（是否是夏令时）	默认为-1

如想了解更多关于 time 模块时间表示方法的内容，可以参考官方网站。

8.2 常 用 方 法

需要先导入 time 模块，如下：

```
>>>import time
```

然后才能调用相应的时间方法，以下为 time 模块中常用的几个方法。

1. time.time()方法

time.time()方法返回当前时间的时间戳（从 1970 纪元开始的浮点秒数），通过与 time.time()返回的时间戳做差值，可以计算一个程序运行的秒差。

```
>>>time.time()
1668764803.642048
```

2. time.localtime([secs])方法

time.localtime([secs])方法返回参数，包含的信息有当地具体时间，年、月、日、时、分、秒、星期几、一年中的第几天，是否是夏令时等信息。

如果参数为空，返回当前时间的具体信息。

```
>>>time.localtime()
time.struct_time(tm_year=2022, tm_mon=11, tm_mday=18, tm_hour=17, tm_min=58, tm_sec=31, tm_wday=4, tm_yday=322, tm_isdst=0)
```

如果有参数时，显示的结果就是参数所代表的时间。

```
>>>a=time.time()
>>>time.localtime(a)
time.struct_time(tm_year=2022, tm_mon=11, tm_mday=18, tm_hour=18, tm_min=0, tm_sec=36, tm_wday=4, tm_yday=322, tm_isdst=0)
```

如果想要得到单独的年月日信息，可以通过以下方法：

```
>>>t=time.localtime()
>>>t.tm_year
2022
```

3. time.gmtime([secs])方法

time.gmtime([secs])方法是将一个时间戳转换为 UTC 时区（0 时区）的 struct_time 时间对象。

```
>>>time.gmtime()
time.struct_time(tm_year=2022, tm_mon=11, tm_mday=18, tm_hour=10, tm_min=15, tm_sec=26, tm_wday=4, tm_yday=322, tm_isdst=0)
>>>time.gmtime(time.time())
time.struct_time(tm_year=2022, tm_mon=11, tm_mday=18, tm_hour=10, tm_min=16, tm_sec=46, tm_wday=4, tm_yday=322, tm_isdst=0)
>>>time.gmtime(123456789)
time.struct_time(tm_year=1973, tm_mon=11, tm_mday=29, tm_hour=21, tm_min=33, tm_sec=9, tm_wday=3, tm_yday=333, tm_isdst=0)
```

4. time.mktime(t)方法

time.mktime(t)方法的参数是 struct_time 或者完整的元组，它表示本地的时间，而不是 UTC。该方法返回一个浮点数，可以与 time()兼容。

如果输入值不能表示为有效时间，则 OverflowError 或 ValueError 将被引发（这取决于 Python

或底层库是否捕获到无效值）。

```
>>>time.mktime(time.localtime())
1668820728.0
>>>time.mktime(time.localtime(time.time()))
1668821242.0
```

上面的程序返回时间戳，类似于 localtime()的逆程序（localtime() 以时间戳为参数）。

5. time.sleep(secs)方法

time.sleep(secs)方法是暂停执行调用线程 secs 数。参数可以是浮点数，以表示更精确的睡眠时间。实际的暂停时间可能小于请求的时间，因为任何捕获的信号将在执行该信号的捕获历程后终止 sleep()。此外，由于系统中其他活动的安排，暂停时间也可能比请求的时间长。

6. time.clock()方法

time.clock()方法需要注意，在不同系统上 time.clock()方法的含义不同。在 UNIX 系统上，它返回的是"进程时间"，表示为时间戳。而在 Windows 系统中，第一次调用，返回的是进程运行的实际时间，而第二次之后，返回的是自第一次调用以后到现在的运行时间。

7. time.asctime([t])方法

time.asctime([t])方法把一个表示时间的元组或者 struct_time 表示为：'Sun Jun 2023:21:05 1993'的形式。如果没有参数，日期字段的长度为两个字符，如果日期只有一个数字则会以零填充，例如：'Wed Jun 904:26:40 1993'.

```
>>>time.asctime(time.localtime())
'Sat Nov 1909:31:41 2022'
```

如果未提供 t，则会使用 localtime()方法所返回的当前时间，asctime()方法不会使用区域设置信息。

注意：与同名的 C 函数不同，asctime()不添加尾随换行符。

8. time.ctime([secs])方法

time.ctime([secs])方法把一个时间戳转化为 time.asctime()的形式。如果参数未给或者为 None 时，将会默认 time.time()为参数。ctime(secs)等价于 asctime(localtime(secs))。ctime()不会使用区域设置信息。

```
>>>time.ctime(time.time())
'Sat Nov 19 09:33:11 2022'
```

9. time.strftime(format [,t])方法

time.strftime(format [,t])方法把一个代表时间的元组或 struct_time 表示的由 time.localtime() 或 time.gmtime()返回的时间转化为格式化的时间字符串。如果 t 未指定，将传入 time.localtime() 返回的时间。如果元组中任何一个元素越界，ValueError 的错误将会被抛出。

```
>>>time.strftime("%b %d %Y %H:%M:%S",time.localtime(time.time()))
'Nov 19 2022 09:34:45'
```

format 为时间字符串的格式化样式，format 格式如表 8-2 所示。

表 8-2　format 格式

指令	意义
%a	本地化地缩写星期中每日的名称

指令	意义
%A	本地化的星期中每日的完整名称
%b	本地化的月份缩写名称
%B	本地化的月份完整名称
%c	本地化的日期和时间的适当表示
%d	十进制数[01,31]，表示月中的一天
%H	十进制数[00,23]，表示小时（24 小时制）
%I	十进制数[01,12]，表示小时（12 小时制）
%j	十进制数[001,366]，表示年中的日
%m	十进制数[01,12]，表示月
%M	十进制数[00,59]，表示分钟
%p	本地化的 AM 或 PM
%S	十进制数[00,61]，表示秒
%U	十进制数[00,53]，表示一年中的周数（星期日作为一周的第一天）。在新年第一个星期日之前的所有日子都被认为是在第 0 周
%w	十进制数[0,6]，表示周中的一日（0 表示周日）
%W	十进制数[00,53]，表示一年中的周数（星期一作为一周的第一天）。在新年第一个星期一之前的所有日子都被认为是在第 0 周
%x	本地化的适当日期表示
%X	本地化的适当时间表示
%y	十进制数[00,99]，表示没有世纪的年份
%Y	十进制数，表示带世纪的年份
%z	时区偏移以格式+HHMM 或-HHMM 形式的 UTC/GMT 的正或负时差指示,其中 H 表示十进制小时数字，M 表示小数分钟数字[-23:59, +23:59]
%Z	时区名称（如果不存在时区，则不包含字符），已弃用
%%	字面的'%'字符

　　注意：（1）当与 strptime()函数一起使用时，如果使用%I 指令来解析小时，%p 指令只影响输出小时字段。

　　（2）当与 strptime()函数一起使用时，%U 和%W 仅用于指定星期几和年份的计算。

本 章 小 结

　　在 Python 的 time 模块共有三种时间的表示方式：timestamp、struct_time、格式化字符串。它们之间的转化方法如图 8-1 所示。

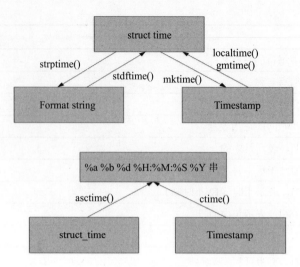

图 8-1　格式转换

第9章 turtle 库与 PIL 库

信息社会的快速发展使人们不再只接收单一的文字信息，图形图像和视频更高效地传递着生活中的数据，这也促使计算机绘图技术及图形处理技术成为基本的信息技术。

图像处理中常见的任务包括图像显示、裁剪、翻转、旋转、分割、分类、特征提取、恢复和识别等基本操作。Python 之所以能成为图像处理任务的最佳选择，是因为它作为一种科学编程语言自带有 turtle 库，同时在其生态系统中有许多先进的图像处理工具可以免费使用，包括 Numpy 库、SciPy 库、PIL 库、OpenCV 库等，本章将重点介绍 turtle 库以及 PIL 库。

9.1 turtle 库

turtle 库，是 Python 中强大的标准库之一，与各种三维软件都有着良好的结合，能够绘制出许多有趣的图形。

9.1.1 空间移动

1. 移动画笔

Python 中画笔可以按照绝对坐标进行移动，亦可以按照相对方向前进后退，其中绝对坐标(0,0)位于窗口的中心，如图 9-1 所示。

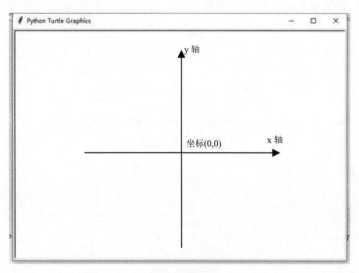

图 9-1　坐标图

画笔默认落下状态，如果想要将画笔移动到某一个位置且不留下痕迹，需要提起笔后移动。设置画笔的标准函数如表 9-1 所示。

表 9-1　设置画笔的标准函数

类别	函数	说明
画笔状态	turtle.pendown()	落笔
	turtle.penup()	提起笔移动，不绘制图形，用于另起一个地方绘制
	turtle.pensize()	设置画笔的宽度
画笔移动	turtle.forward(distance)	向当前画笔方向移动 distance 像素长度
	turtle.backward(distance)	向当前画笔相反方向移动 distance 像素长度
	turtle.right(degree)	顺时针移动 degree 度
	turtle.left(degree)	逆时针移动 degree 度
	turtle.goto(x,y)	将画笔移动到坐标为(x,y)的位置
	setx( )	将当前 x 轴移动到指定位置
	sety( )	将当前 y 轴移动到指定位置
	setheading(angle)	设置当前朝向为 angle 角度
	home()	设置当前画笔位置为原点，朝向东
	turtle.circle()	绘制圆形或弧形
	dot(r)	绘制一个指定直径和颜色的圆点
	stamp()	复制当前图形
	turtle.undo()	撤销上一个 turtle 动作
	turtle.speed()	设置画笔移动速度，画笔绘制的速度范围取 0～10 的整数，数字越大速度越慢

【例 9-1】绘制图 9-2 所示的简单图形。

（a）正方形（边长 100）　　（b）五角星（边长 100）　　（c）10 个直径不同的圆直径为 10、20、…（d）繁花曲线

图 9-2　简单图形

【参考代码】

```
#图形 a
import turtle as t
t.pendown()
for i in range(4):
    t.left(90)
    t.forward(200)
t.penup()
#图形 b
import turtle as t
t.pendown()
```

```
for i in range(5):
    t.forward(100)
    t.right(144)
t.penup()
#图形 c
import turtle as t
t.pendown()
for i in range(10):
    t.goto(0,0)
    t.circle(10*i)
t.penup()
#图形 d
import turtle as t
t.pendown()
for i in range(10):
    t.right(360/10)
    t.circle(100)
t.penup()
```

上例中通过调用 circle() 函数绘制圆形，如果不调用 circle() 函数，要怎么实现呢？

根据多边形外角和为 360° 的定理，可以得知：如果画正方形转动角度为 90°（360°/4），画五边形转动角度为 72°（360°/5），画十六边形转动角度为 225°（360°/16），边越多，越近似圆。所以还可以通过画多边形的方式画出图 9-3 所示的图形。

图 9-3　曲线图

【参考代码】

```
import turtle as t
t.pendown()
for i in range(10):
    t.right(360/10)          #每次循环右转 36°，10 次共 360°
    t.forward(200/10)        #每次前进 20 步
    for j in range(40):
        t.right(360 / 40)    #每次循环右转 9°，40 次共 360°
        t.forward(400 / 40)  #每次循环前进 10 步
t.penup()
```

其实圆形就是一个边长很多的多边形，在上述参考代码中通过第 4～5 行代码绘制了中间的类圆形，通过第 6～8 行代码绘制了 10 个类圆形，最后就形成由类圆形组成的简易版曲线图。

2. 控制窗口

在上述绘图过程中，可以看到画完后窗口自动关闭。如果需要让窗口不退出或者调整窗口大小等，就需对窗口进行控制，画笔可见性和窗口控制的标准函数如表 9-2 所示。

表 9-2　画笔可见性和窗口控制的标准函数

类别	函数	说明
画笔可见性	turtle.showturtle()	显示画笔的 turtle 形状
	turtle.hideturtle()	隐藏画笔的 turtle 形状
	turtle.isvisible()	返回当前 turtle 是否可见
窗口控制	turtle.mode(mode=None)	设置模式（standard、logo）并执行重置。如果没有给出模式，则返回当前模式 standard 模式，初始方向向东，角度逆时针；logo 模式，初始方向向北，角度顺时针
	turtle.setup(width=800,height=800, startx=100, starty=100)	width、height：输入宽和高为整数时，表示像素；为小数时，表示占据电脑屏幕的比例 startx、starty：表示矩形窗口左上角顶点的位置，如果为空，则窗口位于屏幕中心
	turtle.screensize(canvwidth=None, canvheight=None, bg=None)	设置画布的宽、高、背景颜色。默认大小单位像素为(400,300)
	turtle.reset()	清空窗口，重置 turtle 状态为起始状态
	turtle.clear()	清空 turtle 窗口，但是 turtle 的位置和状态不会改变
	turtle.write(s[,font=("font-name",font _size,"font_type")])	写文本，s 为文本内容，font 是字体的参数，分别为字体名称、大小和类型，font 参数为可选项
	turtle.title()	窗口命名
	turtle.exitonclick()	直到遇到鼠标点击的时候才退出

以斐波那契数列为边的正方形拼成的长方形，在正方形里面画一个 90°的扇形，连起来的弧线就是斐波那契螺旋线。

【例 9-2】斐波那契螺旋线又称为黄金螺旋线，绘画出斐波那契螺旋线，并满足以下条件：①单击屏幕，方可退出绘图界面；②屏幕宽度为 800，高度为 500，窗口名称为"斐波那契螺旋线"；③画笔宽度为 4。

【参考代码】

```
def feb(x):
    feb_n1,feb_n2 = 1,1          #定义斐波那契数
    i = 1
    while i<=x:
        feb_n1,feb_n2 = feb_n2,feb_n2+feb_n1
        i= i+1
    return feb_n2               #返回斐波那契数列

import turtle as t
t.hideturtle()                 #隐藏画笔
t.pensize(4)                   #画笔宽度设置为 4
t.setup(width=800,height=500)  #窗口设置为宽 800、高 500
t.title("斐波那契螺旋线")        #设置窗口名称
t.goto(0,0)
```

```
t.setheading(180)                    #起始方向朝左
for i in range(1,12):                #共循环 11 次
    t.circle(-feb(i),90)             #顺时针画以斐波那契数列为半径的四分之一圆
t.penup()
t.goto(150,-100)
t.write("斐波那契螺旋线",font=("Courier",12,"bold"))        #落款
t.penup()
t.goto(320,-200)
t.write("点击退出")                   #提示"单击退出"
t.exitonclick()
```

运行后结果如图 9-4 所示。

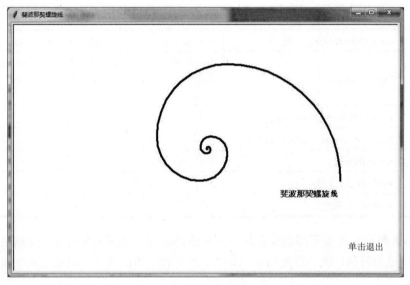

图 9-4　运行结果

斐波那契螺旋线，其实就是以 1 为半径的四分之一圆，以 2 为半径的四分之一圆，以 3 为半径的四分之一圆，以 5 为半径的四分之一圆，以 8 为半径的四分之一圆……首尾相切而构成的曲线，上述代码中的 for 循环就是在绘制不同半径的四分之一圆。

9.1.2　色彩

在计算机 RGB 色彩体系中，用红（Red）、绿（Green）、蓝（Blue）三种基础颜色构成色彩空间，通过三种颜色的组合能够覆盖视力感知的所有颜色。

每个基础颜色的取值范围为 0～255 的整数，表 9-3 为颜色对应的 RGB 数值。

表 9-3　基础颜色对应的 RGB 数值

英文名称	RGB 整数值	中文名称
White	255,255,255	白色
Yellow	255,255,0	黄色
Magenta	255,0,255	洋红色

续表

英文名称	RGB 整数值	中文名称
Cyan	0,255,255	青色
Blue	0,0,255	蓝色
Black	0,0,0	黑色
Purple	160,32,240	紫色

在 turtle 库中提供对颜色操作的标准函数如表 9-4 所示。

表 9-4　颜色操作的标准函数

类别	函数	说明
颜色管理	turtle.color(color1, color2)	同时设置 pencolor=color1, fillcolor = color2
	turtle.pencolor()	没有参数传入时，返回当前画笔颜色，传入参数，设置画笔颜色，可以是字符串（"green"、"red"），也可以是 RGB 三元组
	turtle.fillcolor(colorstring)	绘制图形的填充颜色
	turtle.getscreen().colormode(255)	模式调成 255，方便在 pencolor 中输入 RGB 三元组
填充管理	turtle.filling()	返回当前是否在填充状态
	turtle.begin_fill()	准备开始填充图形
	turtle.end_fill()	填充完成

【例 9-3】画出斐波那契螺旋线及其正方形的辅助线，如图 9-5 所示。须满足以下要求：①螺旋形的颜色为黄色，画笔宽度为 3；②对正方形进行颜色填充，填充色为咖啡色，画笔宽度为 2。

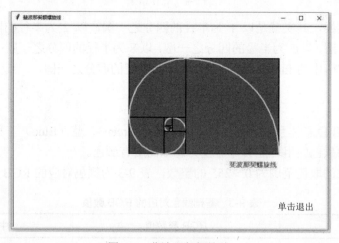

图 9-5　斐波那契螺旋线

【参考代码】

```
def feb(x):
```

```
            feb_n1,feb_n2 = 1,1
            i = 1
            while i <= x:
                    feb_n1, feb_n2 = feb_n2, feb_n2 + feb_n1
                    i = i + 1
            return feb_n2


import turtle as t
t.hideturtle()
t.pensize(4)
t.setup(width=800, height=500)
t.title("斐波那契螺旋线")
t.getscreen().colormode(255)                #模式改为 255 模式
t.goto(0, 0)
t.setheading(180)
for i in range(1,12):
        t.pensize(2)
        t.color("black", "#8F653B")         #设置线为黑色，填充为咖啡色
        t.begin_fill()                      #开始填充
        for j in range(4):                  #画以斐波那契数为边长的正方形
                t.forward(feb(i))
                t.right(90)
        t.end_fill()                        #结束填充
        t.pensize(3)
        t.pencolor("yellow")
        t.circle(-feb(i), 90)               #顺时针画圆
t.penup()
t.goto(150, -100)
t.pencolor(70,130,180)
t.write("斐波那契螺旋线", font=("Courier", 12, "bold"))
t.penup()
t.goto(320, -200)
t.write("单击退出")
t.exitonclick()
```

9.1.3　程序应用案例

【例 9-4】编程画出繁花曲线。繁花曲线由外图板及内圆图板两部分组成。内圆图板像一个齿轮，沿圆心不同半径的位置带有许多笔洞；外图板为一个类似于内齿轮的大型圆孔，内圆板放在外图板的圆洞中，循着圆周转动，用铅笔或圆珠笔从笔洞可以画出像花朵一样的规则图案。

日常很多场景都可以看到繁花曲线，比如曲奇饼干或者是人民币上面的曲线。请根据繁花曲线方程，画出图 9-6 所示的繁花曲线。

图 9-6　繁花曲线

【参考代码】

```
import turtle as t
import math
import fractions
def Draw_Flowers(R,r,l):
        gcdVal = fractions.gcd(r,R)
        n = r//gcdVal
        step = 5
        k = r/R
        for i in range(0,365*n,step):
            a = math.radians(i)
            if a == 0:
                    t.up()
            else:
                    t.down()
            x = R*((1-k)*math.cos(a)+l*k* math.cos((1-k)*a/k))
            y = R*((1-k)*math.sin(a)-l*k* math.sin((1-k)*a/k))
            t.goto(x,y)
def tips(x,y,R,r,l):
        t.penup()
        t.goto(x, y)
        t.write("大圆半径:{}".format(R),font=("Courier",12,"bold"))
        t.goto(x, y-20)
        t.write("小圆半径:{}".format(r), font=("Courier", 12,"bold"))
        t.goto(x, y-40)
        t.write("笔尖与小圆半径之比:{}".format(l),font=("Courier",12,"bold"))
```

```
t.getscreen().colormode(255)
t.title("繁花曲线")
t.pensize(3)
t.pencolor(70,130,180)
tips(-270,-220,200,15,0.8)
Draw_Flowers(200,15,0.8)
t.color((255,215,0))
tips(130,-220,190,110,0.5)
Draw_Flowers(190,110,0.5)
t.exitonclick()
```

【例 9-5】生活中时钟无处不在，请用 turtle 库中函数绘画出一个简易时钟，并且其时针、分针、秒针能够根据当前时间移动，如图 9-7 所示。

图 9-7 时钟

【参考代码】

```
from turtle import *
from datetime import *
def Skip(step):
    penup()
    forward(step)
    pendown()
def mkHand(name, length):              #确定 Turtle 形状，建立表针 Turtle
    reset()
    Skip(-length*0.1)
    begin_poly()
    forward(length*1.1)
    end_poly()
    handForm = get_poly()
    register_shape(name, handForm)     #通过上述代码得到了 3 个表针的对象
```

```
def Init():
    global secHand, minHand, hurHand, printer
    mode("logo")                        #重置 Turtle 指向北
    mkHand("secHand", 125)
    mkHand("minHand", 130)
    mkHand("hurHand", 90)               #建立 3 个表针初始化
    secHand = Turtle()                  #Turtle 是 turtle 模块中的一个类，将三个表针实例化
    secHand.shape("secHand")            #建立秒针对象，shape 是 Turtle 类中的方法
    minHand = Turtle()
    minHand.shape("minHand")            #建立分针对象
    hurHand = Turtle()
    hurHand.shape("hurHand")            #建立时针对象
    for hand in secHand, minHand, hurHand:
        hand.shapesize(1, 1, 3)
        hand.speed(0)                   #设为 0 时速度最快，设为其他数时，有一个变化过程。
    printer = Turtle()                  #实例化，将输出文字为类的一个对象
    printer.hideturtle()
    printer.penup()
def SetupClock(radius):                 #建立表的外框
    reset()
    pensize(7)
    for i in range(60):
        Skip(radius)
        if i % 5 == 0:
                forward(20)
                Skip(-radius-20)
        else:
                dot(5)
                Skip(-radius)

        right(6)


def Week(t):
    week = ["星期一", "星期二", "星期三","星期四", "星期五", "星期六", "星期日"]
    return week[t.weekday()]
def Date(t):
    y = t.year
    m = t.month
    d = t.day
    return "%s %d %d" % (y, m, d)
def Tick():                             #绘制表针的动态显示
    t = datetime.today()
    second = t.second + t.microsecond*0.000001
    minute = t.minute + second/60.0
    hour = t.hour + minute/60.0
    secHand.setheading(6*second)        #表针对象中的 setheading()方法接收参数，设置当前朝向角度
```

```
        minHand.setheading(6*minute)
        hurHand.setheading(30*hour)
        tracer(False)
        printer.forward(65)
        printer.write(Week(t),align="center",font=("Courier", 14, "bold"))
        printer.back(130)
        printer.write(Date(t),align="center",font=("Courier", 14, "bold"))
        printer.home()
        tracer(True)
        ontimer(Tick, 100)                    #100ms 后继续调用 Tick
    def main():
        tracer(False)
        title("时钟")
        Init()
        SetupClock(160)
        tracer(True)
        Tick()
        mainloop()
    if __name__ == "__main__":
        main()
```

9.2　PIL 图形图像处理

图像数据也是信息数据的重要组成部分。然而，要想使用图像，还需要对其进行处理。因此，图像处理是分析和管理数字图像必要的过程，其主要目的是提高图像质量或从中提取一些信息并加以利用。

PIL 是 Python 的一个免费库，它支持打开、操作和保存许多不同的图像文件格式。该库包含基本的图像处理功能，包括点操作、使用一组内置卷积核进行过滤和颜色空间的转换。

9.2.1　图像处理的基础知识

1．图像格式
图像格式指的是图像文件保存输出后的格式，常用格式为 PNG、BMP 和 JPG。

PIL 图像处理库对于 PNG、BMP 和 JPG 图像格式之间的互相转换都可以通过 Image 模块的 open() 和 save() 函数来完成。

【例 9-6】现有一张图片（图 9-8），名称为"1.png"，格式为 PNG，请将其转换为 JPG 格式，并命名为"1"。

图 9-8　图片

【参考代码】

```
import os
os.chdir("d:\\1")
from PIL import Image
im = Image.open('1.png')          #打开一个 PNG 图像文件，注意路径
im.save('001.jpg')
```

运行结果如图 9-9 所示。

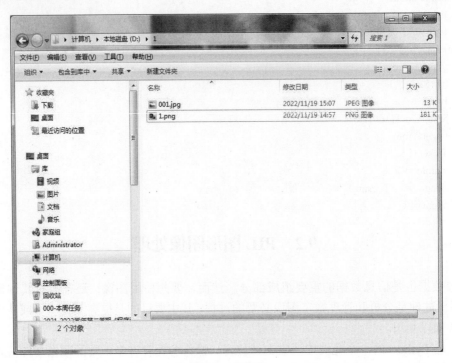

图 9-9　文件夹

可以看到文件夹（图 9-9）中生成了两张图片，一张是 JPG 格式，另一张是 PNG 格式。在打开这些图像时，PIL 会将它们解码为三通道的 RGB 图像。可以基于 RGB 图像，对其进行处理。处理完毕，使用函数 save() 将处理结果保存成 PNG、BMP 和 JPG 中任何一个格式，这样就完成了几种图像格式之间的转换。同理，其他格式的图像也可以通过这种方式完成转换。

2. 色彩模式

位图，又称栅格图，是用像素阵列来表示图像。每个像素的颜色信息由 RGB 组合或者灰度值表示，每个像素使用的信息位数越多，可用的颜色就越多，颜色表现就越逼真，对应的数据量就越大。

RGB 图像由三个颜色通道组成，其中 8 位像素的 RGB 图像的每个通道有 256 个可能的值。例如某像素的颜色信息为 R：255，G：255，B：255，则表示为白色，这意味着该图像有 1600 万个以上可能的颜色值。在 PIL 中除了 RGB 还有其他图像模式。

【例 9-7】 图片打开后为 RGB 模式，将其转化为其他模式，效果如表 9-5 所示。

表 9-5　图像转换

模式	描述	转化图
1	8 位像素，黑白图像，像素值只有 0 和 255 两种取值。	
L	8 位像素，灰度图像	
P	8 位像素，使用调色板映射到任何其他模式	
RGB	4×8 位像素，真彩和透明通道	
CMYK	4×8 位像素，印刷四色模式或彩色印刷模式	
YCbCr	3×8 位像素，色彩视频格式	

　　日常生活中有以下两种最常用的图像色彩模式，在图像图形处理和展示过程中可以根据需求选择。

　　（1）CMYK 模式：输出打印时用的是 CMYK 的颜色混合模式，这是一种基于印刷的色彩模式。C、M、Y 是三种油墨印刷的首字母：Cyan（青色）、Magenta（品红）、Yellow（黄色）。

　　（2）RGB 模式：RGB 是一种基于显示器原理形成的色彩模式，即色光的彩色模式，是一种加色模式，由红色（R）、绿色（G）、蓝色（B）三种颜色叠加形成其他色彩。

　　因此，如果输出图像是以屏幕显示为目的，就选择 RGB 模式；如果以印刷为目的，就选择 CMYK 模式。

此外，RGBA 模式中前三个值与 RGB 模式的一样，表示红绿蓝的范围为 0～255 之间的整数或者 0%～100%之间的百分数。第四个值透明度（A），制定色彩的透明度或不透明度，它的范围为 0.0～1.0 之间，0.5 表示半透明。如 RGBA (255, 255, 255, 0)则表示完全透明的白色；RGBA (0,0,0,1)则表示完全不透明的黑色。

9.2.2 图像的操作

1. Image 模块库

图像处理中常见的任务包括图像显示、裁剪、翻转、旋转、图像分割等基本操作，PIL 中对图像的处理使用 Image 模块库，通过语句"from PIL import Image"导入 Image 模块库，具体函数及其用法如表 9-6 所示。

表 9-6　Image 模块库具体函数及其用法

类别	函数	说明
图像信息	im=Image.open('001.jpg')	打开图片文件,返回图的模式(mode)、大小(size)以及像素的位置
	im.show()	返回图片
	im.size	返回值为宽度和高度的二元组(width, height)
图像操作	im.copy()	返回与原图一样的图片
	im.crop([0,1000,500,40000])	在原始图像中以左上角为坐标原点，截取(500-0)×(40000-1000)像素的图像
	im.paste(im.crop(500,600,1000,900))	将图片粘贴至对应位置
	im.rotate(45)	向左倾斜 45°
	im.transpose(Image.FLIP_LEFT_RIGHT)	左右翻转
	im.transpose(Image.FLIP_TOP_BOTTOM)	上下翻转
	im.transpose(Image.ROTATE_90)	逆时针旋转 90°

2. ImageFilter 模块库

由于拍摄的环境、光线等自然问题，使得图像处理中滤镜很受欢迎，PIL 中对图像的滤镜提供 ImageFilter 模块库，通过语句"from PIL import ImageFilter"导入 ImageFilter 模块库，具体函数及其用法如表 9-7 所示。

表 9-7　ImageFilter 模块库函数及其用法

类别	函数	说明
图像滤波器	im.filter(ImageFilter.BLUR)	模糊滤波
	im.filter(ImageFilter.SMOOTH)	平滑滤波
	im.filter(ImageFilter.SMOOTH_MORE)	深度平滑滤波
	im.filter(ImageFilter.DETAIL)	细节增强滤波
	im.filter(ImageFilter.EDGE_ENHANCE)	边缘增强滤波

3.　ImageDraw 和 ImageFont 模块库

图片如果需要题字，可以使用 ImageDraw 和 ImageFont 模块库，通过语句"from PIL import ImageDraw(ImageFont)"导入 ImageDraw(ImageFont)模块库。

在题字之前往往需要先创建一个图片，由于 RGBA 模式含透明通道，所以一般选用 RGBA 模式较多，"im2 = Image.new("RGBA",im.size, (255, 255, 255, 0))"。

然后在 im2 上创建一个可用来做 Image 操作的对象"drawObj = ImageDraw.Draw(im2)"，调用这个对象进行操作，具体函数及其用法如表 9-8 所示。

表 9-8 ImageDraw 函数及其用法

类别	函数	说明	图例
图像绘制	drawObj.line([100,100, 1000,1000], fill='red')	以左上角为坐标原点，从位置(100, 100)向位置(1000,1000)，画一条红色直线	无
	drawObj.arc([100,100,1500,2500], 180,0,fill='black')	在给定的区域内，在开始和结束角度（180°～0°）之间绘制一条弧	无
	drawObj.rectangle((600,300,1450, 900),fill = 128)	在左上角(600,300)，右下角(1450, 900)形成的矩形内填充颜色	■
	drawObj.ellipse([100,100,2000, 1200],outline='black',fill='yellow')	在左上角(100,100)，右下角(2000, 100)形成的区域内画圆	⬭
	drawObj.polygon([100,230,1550, 60,770,870],outline='red',fill="red")	连接点(100,230)、(1550,60)、(770,870)形成多边形区域	▼

对于文字的添加，涉及文字的格式以及颜色。文字的格式需要调用计算机中的字体，一般默认路径为 C:\Windows\Fonts，默认颜色为白色。故而需要设置一个背景色才能看见，如 im2 = Image.new("RGBA",im_before.size, (74, 112, 139, 0))，具体函数及用法如表 9-9 所示。

表 9-9　ImageFont 函数及用法

类别	函数	说明
文字	Font1 =ImageFont.truetype("C:\\Windows\\Fonts\\STKAITI.TTF",48)	调用 Windows 操作系统中华文楷体字体
	drawObj.text([200,400],"不禁一番寒彻骨，怎得梅花扑鼻香",font =Font1)	在(200,400)的位置写文本
	drawObj.text([150,650],"不禁一番寒彻骨，怎得梅花扑鼻香",font =Font1,fill=(255,215,0,250))	RGB 值为(255,215,0)，fill 中最后一个参数数值越小越透明

9.2.3　程序应用案例

【例 9-8】给图片批量添加水印，如果水印的内容为 1，则停止。其中图片保存在 PY 文件相同目录下。

【参考代码】

```
from PIL import Image, ImageDraw, ImageFont
def add_watermark_fun(img_pil, text):
    print("[INFO]PIL image info: ", img_pil.size)
    width, height = img_pil.width, img_pil.height          #获得图片的宽和高
    new_img = Image.new('RGBA', (width * 3, height * 3),(0, 0, 0, 0))   #新生成图片，大小设置为原图片的3倍
    new_img.paste(img_pil, (width, height))                #将原图粘贴到新图片上
    img_rgba = new_img.convert('RGBA')                     #转换为 RGBA 模式
    text_img = Image.new('RGBA', img_rgba.size, (255,255, 255, 0))      #新建水印图片
    draw = ImageDraw.Draw(text_img)                        #生成绘图对象
    font=ImageFont.truetype('C:\\Windows\\Fonts\\STLITI.TTF',28)       #设置字体
    for i in range(0, img_rgba.size[0],len(text)*20+80):         #设置每个水印间隔：len(text)×20+80
        for j in range(0, img_rgba.size[1], 200):                #设置水印每行 200
            draw.text((i, j), text, font=font, fill=(0,0, 0, 50))
    text_img = text_img.rotate(45)            #旋转文字 45°
    img_with_watermark=Image.alpha_composite(img_rgba, text_img)   #合成水印图片
    #恢复原始图片尺寸
    img_with_watermark=img_with_watermark.crop((width, height, width * 2,height * 2))
    return img_with_watermark.convert("RGB")
if __name__ == '__main__':
    text = input("请输入水印内容：")
    while text!="1":
        img_file = input("请输入文件名称：")
        img_pil = Image.open(img_file+".jpg")
        out_img = add_watermark_fun(img_pil, text)
        out_img.save(img_file+"-"+text+".jpg", 'JPEG',quality=100)
        print("保存完毕")
        text = input("请输入水印内容：")
```

【例 9-9】二维码的应用已经日渐普及，现有公司网址，为了方便推广，需生成带 logo 图案的二维码，以方便用户了解。其中二维码的生成方式如下：

```
import qrcode
qr=qrcode.QRcode()
qr.add_date("请输入网址")
img=qr.make-image()
```

请根据以上代码生成带 logo 的二维码，logo 图片为 PNG 格式，保存在根目录下。以云课堂为例，如图 9-10 所示。

Logo

二维码

图 9-10　二维码

【参考代码】

```
from PIL import Image
import qrcode
```

```
def qrcode_logo(url,logo_name):
    qr = qrcode.QRCode()
    qr.add_data(url)
    img = qr.make_image()
    img = img.convert("RGBA")
    logo = Image.open(logo_name+".png")
    img_w,img_h = img.size
    size_w = int(img_w / factor)
    size_h = int(img_h / factor)
    logo_w,logo_h = logo.size
    if logo_w >size_w:
        logo_w = size_w
    if logo_h > size_h:
        logo_h = size_h
    iconlogo.resize((logo_w,logo_h),Image.ANTIALIAS)
    w = int((img_w - logo_w)/2)
    h = int((img_h - logo_h)/2)
    icon = icon.convert("RGBA")
    img.paste(icon,(w,h),icon)
    img.save(logo_name+"new"+'.png')
while True:
    url = input("请输入网址：")
    if ("https://" in url) or ("http://" in url):
        logo_name = input("请输入图片名称：")
        qrcode_logo(url, logo_name)
        print("二维码已生成")
    else:
        print("输入有误")
        break
```

9.3　全国计算机等级考试二级考试真题

【2018 年 9 月】请写代码实现以下功能：使用 turtle 库的 turtle.right()函数和 turtle.fd()函数绘制一个菱形，菱形的边长为 200 像素，4 个内角度数为 2 个 60°和 2 个 120°，效果如图 9-11 所示。

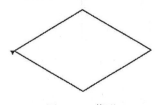

图 9-11　菱形

【参考代码】

```
import turtle
turtle.right(-30)
turtle.fd(200)
turtle.right(60)
turtle.fd(200)
turtle.right(120)
turtle.fd(200)
turtle.right(60)
turtle.fd(200)
turtle.right(120)
```

【2018 年 9 月】请写代码实现以下功能：使用 turtle 库的 turtle.fd()函数和 turtlr.seth()函数绘制一个边长为 200 像素的正菱形，菱形 4 个内角度数均为 90°。效果如图 9-12 所示。

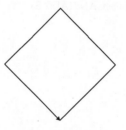

图 9-12　正菱形

【参考代码】

```
import turtle
turtle.pensize(2)
d=45
for i in range(4):
    turtle. seth(d)
    d+= 90
    turtle .fd(200)
```

【2018 年 9 月】请写代码实现以下功能：使用 turtle 库的 turtle.fd()函数和 turtle.seth()函数绘制一个每个方向均为 100 像素长度的十字形，效果如图 9-13 所示。

图 9-13　十字形

【参考代码】

```
import turtle
for i in range(3):
```

```
    t.seth(i*120)
    t.fd(200)
```

【2019 年 3 月】使用 turtle 库的 turtle.fd()函数和 turtle.seth()函数绘制一个边长为 100 像素的正八边形，效果如图 9-14 所示。

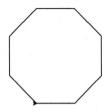

图 9-14　正八边形

【参考代码】

```
import turtle
turtle.pensize(2)
d = 0
for i in range(1,9):
    turtle.fd(100)
    d += 45
    turtle.seth(d)
```

【2019 年 3 月】使用 turtle 库的 turtle.fd()函数和 turtle.seth()函数绘制一个边长为 100 像素的正五边形，效果如图 9-15 所示。

【参考代码】

```
import turtle
turtle.pensize(2)
d = 0
for i in range(1,6):
    turtle.fd(100)
    d += 72
    turtle.seth(d)
```

图 9-15　正五边形

【2019 年 3 月】使用 turtle 库的 turtle.fd()函数和 turtle.seth()函数绘制一个边长为 40 像素的正十二边形，效果如图 9-16 所示。

【参考代码】

```
import turtle
turtle.pensize(2)
```

```
d = 0
for i in range(1, 13):
    turtle.fd(40)
    d += 30
    turtle.seth(d)
```

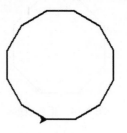

图 9-16　正十二边形

【2019 年 3 月】使用 turtle 库的 turtle.fd()函数和 turtle.left()函数绘制一个边长为 200 像素的正方形和一个紧挨四个顶点的圆形，效果如图 9-17 所示。

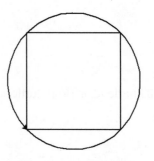

图 9-17　正方形和圆形

【参考代码】

```
import turtle
turtle.pensize(2)
d = 0
for i in range(4):
    turtle.fd(200)
    turtle.left(90)
turtle.left(-45)
turtle.circle(100*pow(2,0.5))
```

本 章 小 结

本章重点讲解了与图形处理有关的两个库——tutle 和 PIL。其中 turtle 库是全国计算机等级考试的必考项，相关考题难度也在逐年提升，考生须握 turtle 库中一些常见方法和函数的使用。PIL 库是 Python 提供的处理图像的方法库，支持大部分的图像格式，使用高效且功能强大。其核心库可以用来高速访问基于像素的数据存储，为图像处理提供了丰富的方法。

课 后 习 题

一、单选题

1. 哪个选项是 turtle.circle(-90,90)的执行结果（　　）。

　　A．绘制一个半径为 90 像素的整圆形

　　B．绘制一个半径为 90 像素的弧形，圆心在小海龟当前行进的右侧

　　C．绘制一个半径为 90 像素的弧形，圆心在小海龟当前行进的左侧

　　D．绘制一个半径为 90 像素的弧形，圆心在画布正中心

2. 关于 turtle 库的画笔控制函数，描述错误的是（　　）。

　　A．turtle.penup()的别名有 turtle.pu()、turtle.up()

　　B．turtle.pendown()作用是落下画笔，并移动画笔绘制一个点

　　C．turtle.width()和 turtle.pensize()都可以用来设置画笔尺寸

　　D．turtle.colormode()的作用是设置画笔 RGB 颜色的表示模式

3. 修改 turtle 画笔颜色的函数是（　　）。

　　A．pencolor()　　　B．seth()　　　　C．pensize()　　　　D．colormode()

4. 不能改变 turtle 画笔运行方向的是（　　）。

　　A．left()　　　　B．seth()　　　　C．right()　　　　D．bk()

5. 能够让画笔在移动中不绘制图形的是（　　）。

　　A．penup()　　　B．pendown()　　C．circle()　　　　D．nodraw()

6. 能够使用 turtle 库绘制一个半圆形的代码是（　　）。

　　A．turtle.fd(100)　　　　　　　B．turtle.circle(100,-180)

　　C．turtle.circle(100,90)　　　　D．turtle.circle(100)

7. 用于处理时间的标准函数库是（　　）。

　　A．date　　　　B．time　　　　C．datetimes　　　D．random

8. 以下代码绘制的图形是（　　）。

```
import turtle as t
for i in range(1,5):
    t.fd(50)
    t.left(90)
```

　　A．五边形　　　　B．正方形　　　C．三角形　　　　D．五角星

二、编程题

1. 编写代码分别绘制四边形、五边形和六边形。

2. 编写代码绘制五角星。

附录一 实践项目

实践一 Python 开发环境的使用

一、实践目的

（1）学会 Python 解释器的安装。
（2）熟悉 IDLE 中程序的两种运行方式。
（3）熟悉 turtle 库。
（4）学会使用 Python 中的帮助系统。

二、实践准备

知识点填空

1. 计算机硬件系统由_____、_____、_____、_____、_____五大部件组成，其基本工作原理是_____。

2. 计算机程序设计语言可以分为三大类，分别是_____、_____和_____。

3. Python 的 IDLE 支持两种方式来运行程序：一是_____；二是_____。

三、实践内容

1. 安装 Python 解释器。

（1）查看要安装的操作系统及版本（此处以 Windows 7 系统为例，Windows 10 系统中的操作类似）。右击桌面上的"计算机"图标，在弹出的快捷菜单中选择"属性"选项，弹出如附图 1-1 所示的窗口，根据窗口中显示的系统类型信息，确定本机的系统信息。

附图 1-1 计算机属性窗口

（2）下载 Python 解释器。在浏览器中输入 Python 的官方网站，按 Enter 键进入 Python 解释器下载页面，如附图 1-2 所示。

附图 1-2　Python 解释器下载网页

（3）下载页面中提供了各种操作系统的 Python 解释器下载入口，包括 Windows、Linux/UNIX、Mac OS 和 Other，单击页面中的 Windows 链接，进入 Windows 操作系统的 Python 解释器下载页面，如附图 1-3 所示。

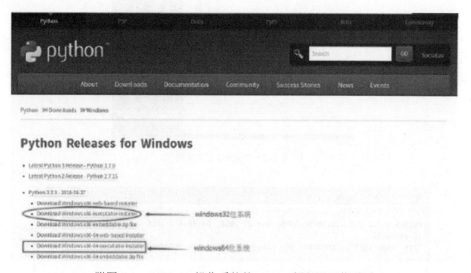

附图 1-3　Windows 操作系统的 Python 解释器下载页面

（4）根据本机的系统信息，选择适合的 Python 解释器安装程序（Windows x86 executable installer 指的是 Windows 32 位系统可执行的安装程序，Windows x86-64 executable installer 指的是 Windows 64 位系统可执行的安装程序）。

（5）找到对应的下载文件，双击安装。在安装过程中，选择"Add Pyhon3.7 to PATH"复选框，根据提示继续操作，直到安装完成出现如附图 1-4 所示页面。

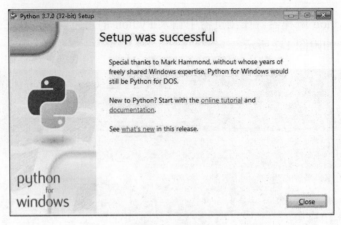

附图 1-4　安装完成

2. 使用 Python 解释器自带的集成开发环境 IDLE 来运行程序。

（1）使用 Shell 交互方式。在 Windows 操作系统"开始"菜单中找到"Python 3.7"文件夹并展开，然后选择如附图 1-5 所示的 IDLE（Python 3.7 32-bit）选项，启动附图 1-6 所示的 Shell 交互窗口。在窗口中的">>>"提示符后输入"print("Hello，world！")"，然后按 Enter 键，查看输出结果。

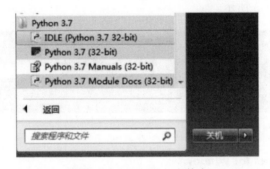

附图 1-5　Python 3.7 文件夹

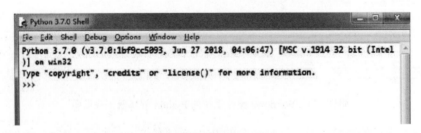

附图 1-6　Shell 交互窗口

（2）使用文件执行方式。打开 Shell 交互窗口，选择 File 菜单中的 New File 选项（附图 1-7）或者按 Ctrl+N 组合键，弹出文件编辑器窗口，在该窗口中输入"print("Hello, World")"（附图 1-8），选择 File 菜单中的 Save 选项或者按 Ctrl+S 组合键，将文件保存为 hello.py。然后选择 Run 菜单中的 Run Module 选项（附图 1-9）或者按 F5 键，运行刚才的代码，观察运行结果。

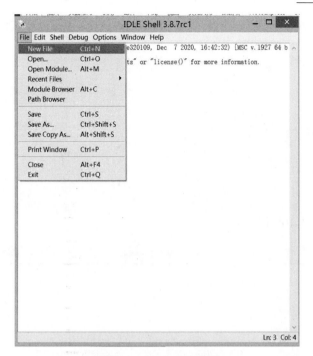

附图 1-7　New File 选项

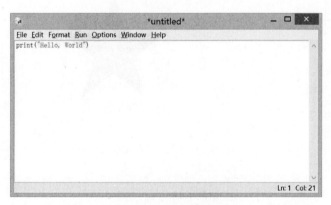

附图 1-8　文件编辑窗口

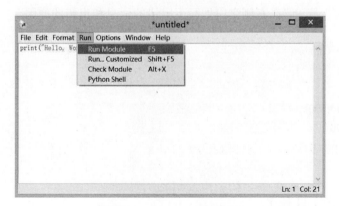

附图 1-9　Run Module 选项

3. 在 IDLE 中输入以下代码，并保存为 DrawPentagrams.py，运行该程序并观察运行结果。如果在运行时出现错误，请改正。

```
import turtle
turtle.fillcolor("red")
turtle.begin_fill()
while True:
    turtle.forward(200)
    turtle.right(144)
    if abs(turtle.pos())<1:
            break
turtle.end_fill()
```

运行结果如附图 1-10 所示。

附图 1-10　运行结果

4. 利用 IDLE 中输入以下代码，并保存为 DrawSnflower.py，运行该程序并观察运行结果。如果在运行时出现错误，请在右侧空白处写下出错的信息和出错的原因。

```
import turtle
turtle.color("red","yellow")
turtle.begin_fill()
while True:
    turtle.forward(200)
    turtle.left(170)
    if abs(turtle.pos())<1:
            break
turtle.end_fill()
```

运行结果如附图 1-11 所示。

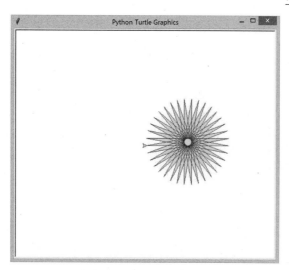

附图 1-11 运行结果

5. 在 IDLE 中输入以下代码，并保存为 DrawSunflower2.py，运行该程序并观察运行结果。如果在运行时出现错误，请改正。

```
import turtle
turtle.speed(10)
turtle.color("red","yellow")
turtle.begin_fill()
while True:
    turtle.forward(200)
    turtle.left(170)
    if abs(turtle.pos())<1:
        break
turtle.end_fill()
```

6. 在 IDLE 中输入以下代码，并保存为 DrawSunflower3.py，运行该程序并观察运行结果. 请比较该段代码和上一段代码的差别。

```
import turtle
turtle.speed(10)
turtle.color("red","yellow")
turtle.begin_fill()
while True :
    turtle.forward (200)
    turtle.right(170)
    if abs(turtle.pos()) <1:
        break
turtle,end_fill()
```

7. 在 IDLE 中输入以下代码，并保存为 DrawTaiJi.py，运行该程序并观察运行结果。

```
from turtle import    *
def yin(radius,color1,color2):
    width(3)
    color("black",color1)
```

```
        begin_fill( )
        circle(radius/2,180)
        circle(radius,180)
        left(180)
        circle(radius/2, 180)
        end_fill()
        left(90)
        up()
        forward(radius *0.35)
        right(90)
        down()
        color(color1,color2)
        begin_fill( )
        circle(radius*0.15)
        end_fill()
        left(90)
        up()
        backward(radius*0.35)
        down()
        left(90)

def main():
        reset()
        yin(200,"black","white")
        yin(200,"white","black")
        ht ()
        return    "Done!"

main()
```

运行结果如附图 1-12 所示。

附图 1-12　运行结果

8．使用 Python 交互式帮助系统。Python 的内置函数 help()可以实现交互式帮助，当用户需要了解某一个对象的相关帮助信息时，可以使用该函数进入交互式帮助系统。

在 IDLE 的 Shell 环境下，输入 help()，按 Enter 键后出现帮助窗口，请仔细阅读窗口中的文字信息。

在 help 交互式帮助系统中输入 modules，按 Enter 键后，窗口中显示所安装的 Python 对应版本中的所有的内置模块（也称内置库）。

在 help 交互式帮助系统中输入 keyword，按 Enter 键后，窗口中显示所安装的 Python 对应版本中所有的关键字（也称保留字，默认情况下在 IDLE 中关键字用橙色高亮显示）。

在 help 交互式帮助系统中输入 turtle，按 Enter 键后，窗口中显示 turtle 模块的所有相关信息。

在 help 交互式帮助系统中输入 turtle.forward，按 Enter 键后，窗口中显示 turtle 模块中forward()方法的帮助信息。

9．使用 Python 帮助文档。Python 帮助文档提供了有关 Python 及其内置模块的详细参考信息，是学习和使用 Python 编程不可或缺的工具。

（1）在 IDLE 的 Shell 交互式窗口或文件式窗口中，选择 Help 菜单中的"Python Docs"选项或者直接按 F1 键（附图 1-13），打开 Python 帮助文档，如附图 1-14 所示。

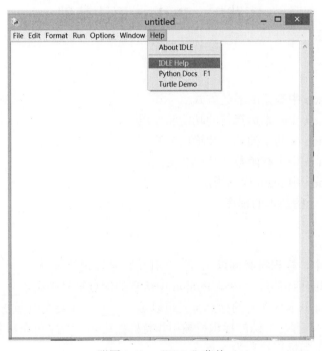

附图 1-13　"Help"菜单

（2）Python 帮助文档提供了 4 种查询方式，分别是"目录""索引""搜索"和"收藏夹"。若想快速定位要寻求帮助的主题，可以使用"索引"和"搜索"两种方式，在帮助文档窗口中先选择"搜索"标签页，然后在"键入要搜索的单词"文本框中输入 turtle，最后单击"列出主题"按钮即可。

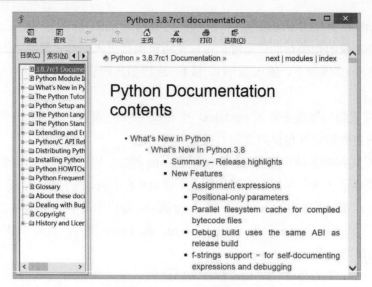

附图 1-14　Python 帮助文档

实践二　Python 语法基础

一、实践目的

（1）掌握 Python 中数据的表达方式。
（2）掌握 Python 中基本运算符的功能和使用。
（3）掌握 Python 中基本的输入和输出方法。
（4）掌握 Python 中一些函数的功能和用法。
（5）掌握 Python 中 math 库的用法。
（6）学会编写一些基本的程序。

二、实践准备

1．在 Python 中，标识符必须以_____开头，且标识符区分_____，因此 Sun、sun 和 SUN 是三个不同的标识符。另外，Python 中所有的标点符号必须是_____（英文/中文）标点符号，除了字符串本身含有的标点符号可以是_____（英文/中文）标点符号。

2．在 Python 中，有些特殊的标识符被用作特殊的用途，程序员在命名标识符时，不能与这些标识符同名，这类标识符称为_____。

3．Python 中的变量是用来标识对象或引用对象的。变量中存储的值通过_____访问，变量的命名规则必须遵循标识符命名规则，Python 中变量在访问之前必须有一个确定的值，可以通过赋值语句来实现赋值。

4．Python 是_____语言，即变量不需要显示声明数据类型。根据变量的赋值，Python 解释器会自动确定该变量的数据类型。在 Python 中，可以通过_____函数，返回某个变量的数据类型。

5. 在 Python 中，除形如"x=5"这种简单的赋值外，还有_____赋值、复合赋值和_____（也称同步赋值）等相对复杂的赋值方式。其中_____赋值可以实现为多个变量同时赋相同的值，而_____可以实现为多个变量分别赋相同的值。

6. Python 中的_____函数可以获取用户输入的数据，该函数可以在接收用户从键盘输入数据之前，先输出一些提示信息，且该函数会把用户输入的所有数据都以字符串类型返回。

7. Python 中的_____函数可以把数据输出到 Python 解释器的交互窗口中，该函数可以一次输出若干项，且该函数输完所有输出项后，默认情况下输出一个换行符。

8. Python 提供了_____、_____和_____三种基本数值类型。

9. Python 内置的数值运算符中，_____表示数学中的乘号，_____表示数学中的除号，"//"表示_____，"%"表示_____，"**"表示_____。除内置的数值运算符外，Python 还提供了一些内置的数学函数，如_____函数可以求绝对值，_____函数可以进行四舍五入运算，_____函数可以求最大值，_____函数可以求最小值。

10. Python 提供了一个内置的数学函数库 math，math 库不支持_____（整数/浮点数/复数）类型，需要使用 math 库时，可以使用_____和_____这两种方式来实现 math 库的导入。math 库中的_____函数可以用于求和，_____函数可以用于求两个数的最大公约数，_____函数可以返回一个数的整数部分，_____函数可以向上取整，_____函数可以向下取整。除提供特殊功能的函数外，math 库还提供了一些数字常数，如_____表示圆周率，_____表示自然对数。

11. 在 IDLE 的 Shell 环境中输入以下程序代码，在横线上记录其运行结果。

```
>>>x=10
>>>print(x)                    _____
>>>str="I am a student."
>>>print(str)                  _____
>>>num=1
>>>print(num)                  _____
>>>Num=2.5
>>>NUM=1+2j
>>>print(num, Num, NUM)        _____
>>>print(type(num))            _____
>>>print(type(Num))
>>>print(type(NUM))
```

三、实践内容

1. 当 x=5，y=2 时，先人工计算附表 1-1 中各个表达式的值，然后再上机验证结果。在表格空行处，请读者自己构造几个表达式，然后再对比一下两种结果。

附表 1-1　表达式及结果

表达式	人工计算结果	IDLE 运行结果
x+y		
x-y		

表达式	人工计算结果	IDLE 运行结果
x*y		
x/y		
x//y		
x%y		
x**y		
x>y		
x==y		
x and y		
x or y		
not x		

2．请把下面的文字描述转变为 Python 代码，然后进行调试并运行。

（1）创建变量 score1，并从键盘上输入数据并赋值给 score1。

（2）创建变量 score2，并从键盘上输入数据并赋值给 score2。

（3）创建变量 score3，并从键盘上输入数据并赋值给 score3。

（4）创建变量 sum，并将 score1、score2 与 score3 的和赋值给 sum。

（5）创建变量 avg，并将 sum 除以 3 的商赋值给 avg。

（6）输出 sum 和 avg。

3．编写程序，计算汽车的平均油耗。假设一个司机想计算汽车每百千米的平均油耗，第一次加油时（加满油箱），司机观察到汽车行驶的总里程为 23352 千米，在第二次加油时（加满油箱），汽车行驶的总里程为 23690 千米，但第二次加加了 24 升油。请编程计算该汽车每百千米的平均油耗。

4．编写程序，实现一个三位数的反序输出。从键盘上输入一个三位数，对输入的三位数进行处理和变换，输出这个三位数的反序数，运行结果如附图 1-15 所示。

【提示】

（1）依次求出三位数的百位、十位、个位，分别赋值给 A、B、C 三个变量。

（2）可以用 100×C+10×B +A 得到反序数。

```
请输入一个三位整数：123
这个三位数的反序数为：321
```

附图 1-15   运行结果

5．编写程序，计算三角形的面积。从键盘上分三次输入三角形的三条边长，输出三角形的面积，运行结果如附图 1-16 所示。

【提示】

（1）三角形的面积公式为 $\sqrt{l(l-a)(l-b)(l-c)}$，其中 $l=\dfrac{a+b+c}{2}$，a、b、c 为三角形的三条边长。

（2）求平方根可使用 math 库中的 sqrt() 函数。

```
请输入三角形的第 1 条边长：3
请输入三角形的第 2 条边长：4
请输入三角形的地 3 条边长：5
该三角形的面积为：6.0
```

附图 1-16　运行结果

6. 编写程序，计算球的表面积和体积，从键盘上输入球的半径，输出球的表面积和体积。运行结果如附图 1-17 所示。

【提示】

（1）球的表面积公式为 $S=4\pi r^2$。

（2）球的体积公式为 $V=\dfrac{4}{3}\pi r^3$。

```
请输入球的半径：3
球的面积为：113.09733552923255
球的体积为：113.0973352923254
```

附图 1-17　运行结果

7. 编写程序，计算"天天向上"和"天天向下"两种情况下的武力值。假设一年有 365 天，郭大侠第一天的武力值为 1。如果郭大侠每天勤于练功，每天的武力值相比前一天会增加 1%；如果郭大侠每天不练功，每天的武力值相比前一天会减少 1%。请计算一年后，郭大侠每天练功和不练功两种情况下的最终武力值。

8. 编写程序，计算学生的体育测试总评成绩。学生参加体育测试，有三个单项，分别是短跑、跳绳和跳远。每个单项的满分均为 100 分，且单项成绩为整数，单项成绩分别以 0.5、0.3 和 0.2 的权重计入测试总评成绩。输入一名学生的三个单项成绩，计算他的体育测试总评成绩。

实践三　字　符　串

一、实践目的

（1）了解字符串的表达方式。

（2）掌握字符串的基本处理方法。

（3）熟悉字符串的处理函数和使用方法。

（4）掌握字符串类型的格式化方法。

二、实践准备

1．在 Python 中，字符串可以使用一对_____、_____或者_____来表示。

2．字符串是一个字符序列，其值_____（不可/可以）改变。在 Python 中，有两种序号体系可以表示字符串中字符的位置序号：一是正向序号体系，索引顺序从左到右，索引号从_____开始，依次_____；二是反向序号体系，索引顺序从右到左，索引号从_____开始，依次_____。

3．切片是 Python 中字符串的重要操作之一，切片使用 2 个"："分隔 3 个参数，形如：字符串（begin:end:step）。第一个参数 begin 表示切片的开始位置，第二个参数 end 表示切片的截止（但不包含）位置，第三个参数 step 表示切片的步长（省略时默认为 1，当步长省略时，第二个"："也可以省略）。当所有参数都省略时，表示_____。

4．Python 提供了三种字符串运算符，分别是"+""*"和"in"。"+"运算可以实现_____，"*"运算可以实现_____，"in"运算可以实现_____。在使用这些运算符时，要注意运算符左右两侧数据的类型，如果使用不当，则会出现类型错误等异常。

5．Python 提供了 6 个与字符串相关的函数。其中，_____函数可以返回字符串的长度；_____函数可以返回某个字符的 Unicode 编码值。

6．Python 中的字符串本质上是一个类，字符串类中提供了大量的方法，可以对字符串进行各种各样的操作。例如，_____方法可以把字符串中的大写字母全部转换为小写字母，并生成一个新的字符串；_____方法可以把字符串按某种标准分割成若干个子串，并生成一个由这些子串构成的列表。字符串类中提供的诸多方法有一个共同的特点：不会对原字符串做任何的修改。

7．字符串类中的 format()方法为字符串的格式化提供了一种简便的方式。
请在横线上写出下列代码执行后的结果。

```
>>>"我是{0},左手拿{2},右手拿{1}".format("张无忌","倚天剑","屠龙刀")　　_____
>>>"{:=^20.4f}".format(3.1415926)　　_____
```

8．Python 中用 input()函数来接收用户从键盘上输入的数据，而 input()函数返回的数据是字符串类型，当需要对输入的数据进行数值运算时，除使用 eval()函数来实现字符串类型向整型或浮点型转换以外，还可以使用一些强制类型转换函数来实现类型之间的转换，如 int()函数可以实现_____，float()函数可以实现_____，str()函数可以实现_____。

9．在 IDLE 的 Shell 环境中输入以下程序代码，在横线上记录运行结果。

```
>>>str1="ab,cd"
>>>str2="ef,gh"
>>>str3=str1+str2
>>>print(str3)          _____
>>>str4=str3*2
>>>print(str4)          _____
>>>str5=str1.upper()
>>>print(str1)          _____
>>>print(str5)          _____
>>>result=str3 in str4
>>>print(result)        _____
```

```
>>>id1=str4.index('a')
>>>print("{}中出现字母 a 的位置{}".format(str4,id1))    _____
>>>id2=str4.find('a')
>>>print("{}中出现字母 a 的位置{}".format(str4,id2))    _____
>>>id3=str4.index('k')
>>>id4=str4.find('k')
>>>print(id4)    _____
>>>list1=str4.split(', ')
>>>print(list1)    _____
```

三、实践内容

1. 已知字符串 s1="我喜欢"，s2="Python"，上机计算附表 1-2 中表达式的值并将 IDLE 运行结果填入附表 1-2 中。

附表 1-2　表达式结果

表达式	IDLE 运行结果
s1+s2	
s1*2	
3*s2	
s1*s2	
"我" in s1	
s1[0]	
s1[0:-1]	
s1[0:]	
s2[-3:-1]	
s1[::-1]	
s2[::2]	
s2[1::2]	
s1>s2	
len(s1)	
len(s2)	

2. 给定一个字符串"www.moe.gov.cn"，编写程序，实现以下功能。

（1）输出第一个字符。

（2）输出前三个字符。

（3）输出后三个字符。

（4）输出字符串的总长度。

（5）输出字符"o"在字符串中第一个位置的索引值（可使用 index()方法）。

（6）输出字符"o"出现的总次数（可使用 count()方法）。

（7）将字符串中所有的"."替换为"-"并输出。

（8）将字符串中所有的字母全部转换为大写字母并输出。

（9）删除字符串中的标点符号，并把字符串拆分为四个字符串。

经过上述操作之后，再次输出该字符串，观察字符串有没有变化，并思考原因。

3．编写程序，自动生成宿舍的组合名。从键盘上依次输入自己和室友（假设有三个室友）的名字，把所有名字的最后一个字取出来并拼在一起，作为宿舍的组合名，然后输出。运行结果如附图 1-18 所示。

```
我的名字是：张一
我第一个室友的名字是：天生
我第二个室友的名字是：王一
我第三个室友的名字是：朱世
我们的组合是：一生一世
```

附图 1-18　运行结果

4．编写程序，实现月份数字向英文缩写的转换，并输出 6 月的英文缩写。运行结果如附图 1-19 所示。

【提示】

（1）可以把所有的英文缩写放在一起，拼成一个长的字符串。

（2）寻找对应月份的数字与字符串中月份缩写切片之间的规律。

（3）使用字符串的切片来取出对应月份的英文缩写。

```
请输入数字月份 1~12：6
6 月份对应的英文缩写是：Jun
```

附图 1-19　运行结果

5．编写程序，实现货币的转换。从键盘输入人民币的金额，转换为美元并输出，结果保留 2 位小数。假设人民币兑换美元的汇率是 0.1456，运行结果如附图 1-20 所示。

```
请输入要兑换的人民币金额，以￥结束：1234.5￥
1234.5 元人民币可以兑换 179.74 美元
```

附图 1-20　运行结果

6．编写程序，实现货币的转换。从键盘输入美元的金额，转换为人民币并输出，结果保留 2 位小数。假设美元兑换人民币的汇率是 6.868，运行结果如附图 1-21 所示。

```
请输入要兑换的美元金额，以$结束：3.55$
3.5 美元可以兑换人民币 24.04 元
```

附图 1-21　运行结果

实践四　选 择 结 构

一、实践目的

（1）掌握 Python 中的关系运算符。
（2）掌握 Python 中的逻辑运算符。
（3）掌握单选择结构的用法。
（4）掌握双选择结构的用法。
（5）掌握多选择结构的用法。
（6）掌握嵌套 if 语句的用法。

二、实践准备

1. 选择结构也称_____，Python 中常见的选择结构有三种，分别是_____、_____和_____。

2. 单选择结构的语法格式：_____。

3. 双选择结构的语法格式：_____。

4. 多选择结构的语法格式：_____。

5. 在 if 结构的某个分支中，包含了另一个 if 结构，这种情况称为_____。

6. Python 中的关系运算符有_____，关系表达式的结果只有两种值，分别是_____和_____。使用关系运算符的前提是操作数之间必须可以_____。当需要形成更复杂的条件表达式时，可以使用逻辑运算符，Python 中的逻辑运算符有_____。

7. 有以下代码：

```
a=eval(input("请输入 a 的值："))
b=eval(input("请输入 b 的值："))
if a>b:                    #A 行
    print("{}比较大".format(a))    #B 行
if a<b:                    #C 行
    print("{}比较大".format(b))    #D 行
```

（1）请思考并回答以下问题。

当输入 a 的值为 5，b 的值为 4 时，_____会被执行，_____不会被执行；当输入 a 的值为 4，b 的值为 5 时，_____会被执行，_____不会被执行。

（2）对于上述代码，请用双选择结构实现同样的功能，将实现代码填入横线上，并思考前后两种结构的差异。

_____

_____

_____

（3）计算分段函数：$y = \begin{cases} 1, & x > 0 \\ 0, & x = 0 \\ -1, & x < 0 \end{cases}$

以下几种方法中，可以实现上述分段函数功能的是_____。

方法一（单选择）：

```
if   x>0:
     y=1
if   x==0:
     y=0
if   x<0:
     y=-1
```

方法二（多选择）：

```
if   x > 0:
     y = 1
elif   x == 0 :
     y=0
else:
     y = -1
```

方法三（嵌套的 if 结构）：

```
if   x >= 0:
     if   x > 0:
          y = 1
     else:
          y = 0
else:
     y = -1
```

三、实践内容

1. 以下程序的功能：判断输入的整数能否同时被 3 和 7 整除，若能，则输出"YES"；否则输出"NO"。请修改程序的部分代码，使程序可以实现相应的功能，并把修改后的代码写在右侧。

```
n = input("请输入一个整数：")
if n//3 == 0 or n//7 ==0:
     print("YES")
else:
     print("NO")
```

2. 以下程序的功能：先后输入两个整数，如果前一个整数大于后一个整数，则交换前后两个整数的值；否则，两个数保持不变。

请修改程序的部分代码，使程序可以实现相应的功能，并把修改后的代码写在右侧。

```
a = input("请输入第一个整数")
b = input("请输入第二个整数")
if a – b > 0:
     a = b
     b = a
print(a, b)
```

3. 以下程序的功能：从键盘输入一个字符，当输入的是英文字母时，输出"输入的是英文字母"；当输入的是数字时，输出"输入的是数字"；当输入的是其他字符时，输出"输入的是其他字符"。请在横线处填写合适的代码，使程序可以实现相应的功能。

```
ch = input("请输入一个字符：")
if_____:
    print("输入的是数字")
elif_____:
    print("输入的是英文字母")
else:
    print("输入的是其他字符")
```

4. 以下程序的功能：实现一个简单的出租车计费系统，当输入行程的总里程时，输出乘客应该付的车费（车费保留 1 位小数）。计费标准具体为起步价 10 元，超过 3 千米以后，每千米的费用为 1.2 元，超过 10 千米以后，每千米的费用为 1.5 元。请在横线处填写合适的代码，使程序可以实现相应的功能。

```
km = float(input("请输入千米数："))
if km <= 0:
    print("千米数输入错误，重新输入：")
elif_____:
    print("您需要支付 10 元车费！")
elif km <=10:
    cost = _____
    print("您需要支付{:.lf}元车费".format(cost))
else:
    cost = _____
    print
    _____
```

5. 编写程序，根据输入的年份（4 位整数），判断该年份是否为闰年。

【提示】

（1）如果年份能被 400 整除，则为闰年；如果年份能被 4 整除但不能被 100 整除，也为闰年。

（2）判断一个数 x 是否被 400 整除，可以用表达式 x%400==0 来表示。

6. 编写程序，实现分段函数的计算，分段函数的取值如附表 1-3 所示。

附表 1-3 分段函数的取值

自变量 x	因变量 y
x<0	0
0<=x<5	x
5<=x<10	3x-5
10<=x<20	0.5x-2
x>=20	0

7. 编写程序，输入三角形的三条边长，先判断是否可以构成三角形，如果可以，则输出三角形的周长和面积（计算的周长和面积保留一位小数）；否则，输出"三边边长有问题，无法构成三角形"。

【提示】

（1）三条边可以构成三角形必须满足如下条件：每条边均大于 0，并且任意两边之和大于第三边。

（2）已知三角形的三条边长，三角形的面积公式为 $\sqrt{h(h-a)(h-b)(h-c)}$，其中 a、b、c 为三边长，h 为周长的一半。

（3）求平方根可以使用 math 库中的 sqrt() 函数。

8. 编写程序，根据输入的百分制分数，将其转换为等级制（优、良、中、及格、不及格）并输出。转换规则如附表 1-4 所示。

附表 1-4　转换规则

分数 score（百分制）	等级
score≥90	优
80≤score<90	良
70≤score<80	中
60≤score<0	及格
score<60	不及格

实践五　循 环 结 构

一、实践目的

（1）掌握 for 循环的使用方法。

（2）掌握 while 循环的使用方法。

（3）掌握 break 语句和 continue 语句的使用方法。

（4）学会 random 库的使用方法。

二、实践准备

1. 程序的基本结构有三种，分别是顺序结构、_____和_____。Python 中常见的循环结构有两种实现方式：一是_____；二是_____。

2. for 循环的语法格式：_____。

3. while 循环的语法格式：_____。

4. for 循环和 while 循环的区别：_____。

5. range() 函数是 Python 的一个内置函数，调用该函数能产生一个迭代序列，有以下几种不同的调用方式。

（1）range(n)。得到的迭代序列为_____。例如，range(100) 表示序列_____。当 n≤0 时，序列为空。

（2）range(m,n)。得到的迭代序列为 m,m+1,m+2···n-1。例如，range(11,16) 表示序列_____。当 m≥n 时，序列为空。

（3）range(m,n,d)。得到的迭代序列为 m,m+d,m+2d,…,按步长值 d（d 为正数）递增，如果 d 为负则递减,直至那个最接近但不等于 n 的等差值。因此 range(11,16,2)表示序列_____；而 range（15,4,-3）表示序列_____。

6. 在循环结构中，可以使用_____和_____来改变循环执行的流程。break 语句在循环中的作用是_____，continue 语句在循环中的作用是_____。

7. 在结构循环中，可以使用 else 子句，如果循环是因为条件表达式不成立或者是序列遍历结束而自然退出，则_____else 结构中的语句；如果循环是因 break 语句提前结束，则_____else 结构中的语句。

8. random 库是 Python 内置的库，提供了_____，在 random 库中，有一个 random()函数，该函数的功能是_____。

三、实践内容

1. 有以下程序：

```
word=input("请输入一串字符：")
reversedWord=""
for ch in word:
      reversedWord=ch + reversedWord                #A 行
print("The reversed word is:"+reversedWord)
```

当程序运行时，输入的字符串为"abcd"，程序运行结果是_____。上述程序中，A 行代码可不可以改成"reversedWord=reversedWord+ch"？_____。如果改成上述代码，当程序运行时，输入的字符串为"abcd"，程序运行结果是_____，其中的原因是_____。

2. 有以下程序：

```
sum = 0
for i in range (1,9,2):
      sum = sum + i
print（"sum=",sum）
```

程序运行结果是_____。在程序执行的过程中，循环一共执行了_____次，第一次循环时，i 被赋值为_____；最后一次循环时，i 被赋值为_____。

3. 有以下程序：

```
while True:
      print（"我是一个死循环"）
```

当程序运行时，程序会进入_____状态，在编程时要避免出现上述问题，如果不小心进入这种状态，可以按_____组合键来终止这种状态。

4. 编写程序，计算 1×2×3×…×10。

【提示】

（1）累乘计算可以参考累加计算。

（2）一般累乘的初值为 1，累加的初值为 0。

5. 编写程序，实现猜数游戏。在程序中随机生成一个 0～9 之间（包含 0 和 9）的随机整数 T，让用户通过键盘输入猜测的数字。如果输入的数大于 T，显示"遗憾，太大了"；如果输入的数小于 T，显示"遗憾，太小了"；如此循环，直至猜中此数，显示"预测 N 次，你猜中了"。其中 N 是指用户在这次游戏中猜中该随机数一共尝试的次数。

6．编写程序，产生两个 0～100 之间（包含 0 和 100）的随机整数 RND1 和 RND2，求这两个整数的最大公约数和最小公倍数。

【提示】

（1）可以利用 random 库中的 randint( ) 函数产生某个区间的随机整数。

（2）求最大公约数，首先判断 RND1 和 RND2 的大小关系。

（3）最小公倍数可以用两个数的积除以最大公约数得到。

7．编写程序，模拟硬币的投掷。假设 0 表示硬币的反面，1 表示硬币的正面。在程序中让计算机产生若干次（建议大于 100 次）随机数，统计 0 和 1 分别出现的次数，并观察 0 和 1 出现的次数是否相同。

8．编写程序，计算"五天向上"和"两天向下"的武力值。假设一年有 365 天，郭大侠第一天的武力值为 1。如果郭大侠每天勤于练功，每天的武力值会比前一天增加 1%；如果郭大侠每天不练功，每天的武力值相比前一天会减少 1%。郭大侠制定了一年的练功计划：从第一天开始，前 5 天每天都练功，然后休息 2 天，接下来又练功 5 天，休息从此往复。请计算一年后郭大侠的最终武力值（结果保留两位小数）。

9．编写程序，计算糖果总数。假设有一盒糖果，按照如下方式从中取糖果：

1 个 1 个地取，正好取完。

2 个 2 个地取，还剩 1 个。

3 个 3 个地取，正好取完。

4 个 4 个地取，还剩 1 个。

5 个 5 个地取，还差 1 个。

6 个 6 个地取，还剩 3 个。

7 个 7 个地取，正好取完。

8 个 8 个地取，还剩 1 个。

9 个 9 个地取，正好取完。

请问：这个盒子里至少有多少个糖果？

10．统计英文句子中大写字符、小写字符和数字各有多少个，将下面程序补充完整。

```
str = input("请输入一句英文：")
count_upper = 0
count_lower = 0
count_digit = 0
for s in str:
    if s.isupper():
        _____
    if s.islower():
        _____
    if s.isdigit():
        _____
print("大写字符：", count_upper)
print("小写字符：", count_lower)
print("数字字符：", count_digit)
```

11．利用 for 循环求 1～100 中所有奇数和偶数的和分别是多少，将下面程序补充完整。

```
sum_odd = 0
sum_even = 0
_____
if i%2 == 1:            #i 为奇数
    sum_odd = sum_odd + i
else:
    sum_even = sum even + i
print("1～100 中所有的奇数和：", sum_odd)
print("1～100 中所有的偶数和：", sum_even)
```

实践六　列表与元组

一、实践目的

（1）掌握列表的创建方法。
（2）掌握列表元素的访问方法。
（3）掌握列表的基本操作。
（4）掌握列表的简单统计方法。
（5）掌握元组的创建、访问及基本操作。
（6）掌握字符串与列表的区别以及两者互相转换的方法。

二、实践准备

1．在 Python 中，将一组数据放在一对_____中即定义了一个列表。列表中的数据称为元素，元素和元素之间用_____隔开。_____称为列表的长度。可通过"列表名=_____"和 "列表名=_____" 两种方式创建空列表。

2．在 Python 中，列表的元素都是_____（有序/无序）存放的。每个元素都对应一个位置编号，这个位置编号称为元素的_____，其值从_____开始，向右依次_____，Python 可以通过它来访问列表元素，具体格式为_____。

3．与字符串相同，列表元素也有_____和_____两种索引方式。即在长度为 n 的列表中，最后一个元素的索引既可用_____表示，也可用_____表示。

例如，在列表 a=[1,2,3,4,5]中访问值为 5 的元素，可以使用两种方式：_____和_____。

4．在 Python 中，列表元素的值和个数都是_____（可变/不可变）的。修改列表元素的值可通过表达式_____完成。增加列表元素的方法有_____和_____。可通过_____和_____方法以及_____命令删除列表的元素。

5．成员运算符 in 和 not in 可用于判定指定的元素是否存在于列表中，其运算结果为 True 或者 False。

假设已有列表 a=[1,2,3,4,5]，则表达式 "2 in a" 的结果为_____，表达式 "6 in a" 的结果为_____，表达式 "2 not in a" 的结果为_____，表达式 "6 not in a" 的结果为_____。

6. 列表的 index()方法用于查找指定的值在列表中是否有对应的元素存在，如果存在，则返回_____；否则返回_____。

假设已有列表 myList=['a','b','b','b','c','c']，则表达式 myList.index('b')的值为_____。

7. 列表的 count()方法用于统计指定值在列表中所对应的元素个数。

假设已有列表 myList=['a','b','b','b','c','c']，则表达式 myList.count('b')的值为_____，表达式 myList.count('d')的值为_____。

因此，指定的值在列表中是否存在也可以通过表达式"列表名.count（值）"的结果是否为 0 来判断。

8. 列表属于可迭代类型，可通过 for 循环对列表元素进行遍历。假设已有列表 a=[1,2,3,4,5]，变量 n=len(a)，则可以使用以下两种方式对列表 a 中的所有元素进行遍历输出。

（1）使用 range()函数生成索引序列进行遍历，代码如下：

_____。

（2）直接通过元素进行遍历，代码如下：

_____。

9. 列表的_____方法可用于对列表元素进行排序，参数_____的值决定了排序方式，其值为 True 表示_____；为 False 表示_____；参数缺省时默认值为_____。

假设已有列表 a=[4,2,1,3,5]，执行表达式 a.sort(reverse=True)后，列表 a 的值为_____。

10. 除列表本身的 sort()方法外，Python 还提供了内置函数_____对指定的列表进行排序并返回一个新的列表，其 reverse 参数与 sort()方法中的用法相同。与 sort()方法不同的是，该函数_____（改变/不改变）列表本身。

假设已有列表 a=[4,2,1,3,5]，执行语句 b=sorted(a)后，列表 a 的值为_____，b 的值为_____。

11. 通过"列表名[索引]"的方式可以获取列表中的单个元素，如需获取列表的部分元素，可通过列表的_____操作来完成，其格式为_____。

12. 列表与字符串一样，也支持"+"和"*"两种运算，结果为一个新的列表。假设已有列表 myList=['a','b','c']，则 myList*3 的结果为_____，myList+['d','e']的结果为_____。这两种运算均_____（改变/不改变）列表本身。如需将列表['d','e']中的所有元素一次性添加至列表 myList 中，可使用列表的_____方法，表达式为_____。

13. 列表的 copy()方法用于创建已有列表的一个备份，该过程称为_____（深拷贝/浅拷贝）。假设已有列表 a=[1,2,3]，则执行语句 b=a.copy()后，b 的值为_____。执行语句 b[1]=4 后，b 的值为_____，a 的值为_____。

假设已有列表 a=[4,5,6]，且 c = a，则执行语句 c[0]=7 后，c 的值为_____，a 的值为_____。

14. 数值列表可使用 Python 提供的内置函数进行简单的统计。求和可使用_____函数，计算最大值，可使用_____函数，计算最小值可使用_____函数。

假设已有列表 a=[1,2,3,4,5]，则表达式 sum(a)的值为_____，表达式 max(a)的值为_____，表达式 min(a)的值为_____。

15. 元组也是 Python 提供的一种数据类型，用于存放一组不可修改的数据。定义元组最直接的方法是将多个元素用_____隔开并存放在一对_____中。

元组与列表的区别是元组的元素_____（可以/不可以）改变，列表的元素_____（可以不可以）改变。因此，凡是可用于列表且不会改变列表元素的方法和函数也同样适用于元组。

三、实践内容

1. 分析以下程序，在横线上填写运行结果并回答问题。

```
>>>myStr ="123456789"
>>>myList = list(myStr)
>>>myList
```

_____

```
>>>myList[3]
```

_____

```
>>>myList[-3]
```

_____

```
>>>myList[2:5]
```

_____

```
>>>myList[2:8:2]
```

_____

```
>>>myList[1:]
```

_____

```
>>>myList[:3]
```

_____

```
>>>myList[1:-2]
```

_____

```
>>>myList[:-4]
```

_____

```
>>>myList[:-4:2]
```

_____

```
>>>myList[:3]
```

_____

```
>>>myList[1:-2]
```

_____

```
>>>myList[:-4]
```

_____

```
>>>myList[:-4:2]
```

_____

```
>>>myList[1:-3:3]
```

_____

```
>>>myList[ :3:3]
```

_____

```
>>>myList[0::2]
```

_____

```
>>>myList[1::2]
```

_____

```
>>>myList[::-1]
```

_____

请思考。

（1）索引与切片的结果有什么不同？ _____。

（2）如希望输出结果为[9,753,1]，则表达式可以为_____。

（3）如希望输出结果为[8,6,42]，则表达式可以为_____。

（4）表达式 myList[1:-1][-1]的值为_____。

2. 分析以下程序，在横线上填写运行结果并回答问题

```
>>>myList=['a', 'b', 'c', 'd', 'e']
>>>myList [0] = "hello"
>>>myList

_____
>>>myList [-2] = False
>>>myList

_____
>>>myList [2:4] = [1,2]
>>>myList

_____
>>>myList [1:] = "world"
>>>myList

_____
>>>myList [1:] = ["world"]
>>>myList

_____
```

请思考。

（1）语句 myList[1:]="world"和 myList[1:]=["world"]执行结果不同的原因是

_____。

（2）若有定义 myList=[1,2,3,4,5]，则执行语句 myList[2:]=32 时是否报错？ _____。如果报错，则应将表达式修改为_____；如无报错或已将错误修改，则 myList 的值为_____。

（3）若有定义 myList=[1,2,3,4,5]，则可通过表达式_____将列表中值为 2 的元素修改为[6,7,8]；可通过表达式_____将列表修改为[6,7,8,4,5]；可通过表达式_____将列表修改为[{6,7,8},4,5]。

3. 观察以下四个程序并回答问题。

```
程序 B:
myList=[1,2,3, 4,5]
for in range ( len (myLit)) :
    myList[i] += 1.
print (myList)
```

```
程序 A:
myList=[1,2,3, 4,5]
for x in myList:
    x +=1
print (myList)
```

```
程序 C:
myList=[1,2,3,4,5]
    length= 0
for x in myList:
    length+= 1
print(length)
```

```
程序 D:
mylist= [1,2,2,4,2]
count = 0
    for i in mylist:
        if i== 2:
            count += 1
print (count)
```

请思考。

（1）程序 A 的运行结果为_____，程序 B 的运行结果为_____，区别在于_____。

（2）程序 C 的运行结果为_____，其实现的功能为_____。

Python 有没有提供方法或者函数实现此功能？_____（有/没有）。

如果有，则表达式为_____。

（3）程序 D 的运行结果为_____，其实现的功能为_____。

Python 有没有提供方法或者函数实现此功能？_____（有/没有）。

如果有，则表达式为_____。

4．分析以下程序，在横线上填写运行结果并回答问题。

```
>>>myList = ("张英", "女", "计算机专业")
>>>myList.append ([1992,8,31])
>>>myList
_____
>>>myList.extend([90, 86, 92])
>>>myList
_____
>>>myList. insert(0. "1001")
>>>myList
_____
>>>myList + [95, 88]
_____
>>>myList
_____
```

请思考：

方法 append(), extend(), insert()以及运算符 "+" 作用于列表时有何区别？

_____
_____
_____
_____

5．完善以下程序，实现将字符串 "programming" 中的字符按照 ASCII 码值进行降序排列的功能并回答问题。

```
myStr = "programming"
myList = _____        #使用 sorted()函数对字符串进行降序排序
```

myList.reverse()与 myList.sort(reverse =True)的区别是_____

6．分析以下程序，在横线上填写运行结果并回答问题

```
>>>myList = [ ["香蕉","黄色"],["草莓","红色"],["葡萄","紫色"] ]
>>>newList = myList
>>>newList
_____
>>>copyList = myList.copy()
>>>copyList
_____
>>>sliceList = myList[:]
```

```
>>>sliceList
>>>myList[0] = ["西瓜","红色"]
>>>newList
_____
>>>copyList
_____
>>>sliceList
_____
>>>myList[2] [1] = "绿色"
>>>newList
_____
>>>copyList
_____
>>>sliceList
_____
```

（1）newList、copyList 以及 sliceList 三者的区别是_____。

（2）如果将 myList 中的内容改为[("香蕉","黄色"),("草莓","红色"),("葡萄","紫色")]则执行语句 myList[2] [1]= "红色"的输出结果是_____原因是_____。

7．假设有三个列表：lst_who=["小马","小羊","小鹿"]、lst_where=["草地上","电影院","家里"]和 lst_what=["看电影","听故事","吃晚饭"]。试编写程序，随机生成三个 0～2 范围内的整数，将其作为索引分别访问三个列表中的对应元素，然后进行造句。例如，随机生成三个整数分别为 1、0、2，则输出句子"小羊在草地上吃晚饭"。

8．编写程序，实现以下功能。

（1）创建一个列表，依次存放每个月对应的天数。假设 2 月份的天数固定为 28 天。

（2）根据用户输入的月份查询该月的天数并输出。

【要求】查询代码可循环执行。当用户输入月份为 0 时，循环结束。

9．斐波那契数列又称黄金分割数列、兔子数列，其第 1、2 项均为 1，从第 3 项开始每一项都是前两项之和，即 1、1、2、3、5、8、13、21、34、…。试编写程序，利用列表计算斐波那契数列前 30 项并输出。

提示：创建列表 lst_fib=[1,1]，然后依次计算列表的第 3～30 项。

10．假设有列表 lst_student=[["001","李梅",19],["002","刘祥",20],["003","张武",18]]，依次存放了每名学生的学号、姓名和年龄。试编写程序，实现以下功能。

（1）在列表末尾添加附表 1-5 中的学生信息。

附表 1-5　学生信息

学号	姓名	年龄/岁
004	刘宁	20
006	梁峰	19

（2）在列表适当的位置添加附表 1-6 中的学生信息。

附表 1-6 学生信息

学号	姓名	年龄/岁
005	林歌	20

（3）输出学号为 003 的学生信息。

（4）输出所有学生的姓名。

（5）输出所有学生的平均年龄。

11．甲、乙、丙、丁四人中有一人做了好事不留名。编写程序，根据以下线索找出做好事的人。

甲说："不是我。"

乙说："是丙。"

丙说："是丁。"

丁说："丙说得不对。"

其中三人说的是真话，一人说的是假话。

【提示】

（1）假设变量 x 是做好事的人，则其应满足以下条件。

(x!="甲")+(x=="丙")+(x!= "丁")==3

（2）假设列表 lst=["甲","乙","丙","丁"]，存放了所有可能的情况。对列表 lst 进行遍历，对其中的每一种情况进行判断，符合以上条件的即为正确答案。

12．在一次数学竞赛中，A、B、C、D、E 五名同学获得了前五名（假设无并列名次）。小明问他们分别是第几名，他们的回答如下。

A 说："第二名是 D，第三名是 B。"

B 说："第二名是 C，第四名是 E。"

C 说："第一名是 E，第五名是 A。"

D 说："第三名是 C，第四名是 A。"

E 说："第二名是 B，第五名是 D。"

他们每个人都只说对了一半，编写程序，帮小明猜一猜他们的真实名次。

【提示】

（1）假设有一个列表，按比赛名次顺序存放了这五名同学的名字，那么这个列表中的元素应该能同时满足以下条件。

1）(ls[1]=='D')+(ls[2]=='B')==1，同学 A 的回答只对了一半。

2）(ls[1]=='C')+(ls[3]=='E')==1，同学 B 的回答只对了一半。

3）(ls[0]=='E')+(ls[4]=='A')==1，同学 C 的回答只对了一半。

4）(ls[2]=='C')+(ls[3]=='A')==1，同学 D 的回答只对了一半。

5）(ls[1]=='B')+(ls[4]=='D')==1，同学 E 的回答只对了一半。

（2）假设列表 ls=['A', 'B', 'C', 'D', 'E']，存放了五名同学的名字。可以利用 random 库的 shuffle()方法反复对列表 ls 中的元素顺序进行随机排列，并对每次随机排列后的列表元素进行判断，满足以上条件的即为正确名次。

13．假设列表 lst_info=[["李玉","男",25],["金忠","男",23],["刘妍","女",21],["莫心","女",

24],["沈冲","男",28]]存放了某单位每个员工的基本信息（包括姓名、性别和年龄）。试编写程序，实现将用户要求的员工信息从列表中删除。

【要求】

（1）需要删除的员工姓名由用户输入。

（2）若用户输入的员工姓名在列表中存在，则执行删除操作；若不存在，则给出相应的提示。

（3）程序可循环执行，当用户输入姓名为"0"时，循环结束。

14．假设列表 lst_odd=[1,3,5,7,9]和列表 lst_even=[2,4,6,8,10]。试编写程序，将两个列表合并成一个新的列表，并将新列表按照元素的大小降序排列。

【要求】不改变 lst_odd 和 lst_even 的元素。

15．编写程序，对用户输入的英文字符串中出现的英文字母进行提取（不区分大小写，重复字母只计一次），并将提取的结果按照字母表顺序升序排列后输出。例如，用户输入"I miss you"，程序输出"i,m,o,s,u,y"或"I,M,O,S,U,Y"。

【提示】

（1）在提取英文字母前，要将用户输入的字符串的英文字母统一转换成大写或者小写的形式。

（2）创建空列表，用于存放字符串中出现的英文字母。

（3）对用户输入的字符串进行遍历，将其中出现的英文字母依次添加至列表中。添加时需要对该字母在列表中是否已经存在进行判断。

（4）对列表中的元素进行排序。

16．编写程序，生成一个包含 20 个两位随机整数的列表，将其前十个元素按升序排列。

【提示】

（1）可以使用以下两种方法生成 20 个两位随机整数。

1）利用循环结构和 random 库中的 randint()函数。

2）利用 range()函数和 random 库中的 sample()函数。

（2）通过切片分别获取列表的前十个元素和后十个元素，并对前十个元素进行排序。由于列表切片获得的是新列表，如果要改善原来的列表元素顺序，则需要重新赋值。例如，myList[0:10]=sorted(myList[0:10])是将列表 myList 的前十个元素升序排列。

17．编写程序，将用户输入的英文语句中的单词（忽略标点符号）进行逆序排列后输出，例如：用户输入"How are you"，则程序输出"you are How"。

【提示】可先利用字符串的 split()方法，将英文语句中的所有单词存入一个列表，然后将逆序后的列表元素重新连接成一个新的字符串。

18．输入 20 位学生的考试成绩，统计并输出其中的最高分、最低分和平均分。

实践七　字典与集合

一、实践目的

（1）掌握字典的创建方法。

（2）掌握字典元素的访问方法。

（3）掌握字典的基本操作。

（4）掌握集合的创建方法。

（5）掌握集合的基本运算。

二、实践准备

1．字典中的元素放在一对_____中，元素之间以_____隔开，每个元素都是一个_____对，_____和_____之间用冒号隔开。

2．列表和元组属于序列类型，而字典属于_____类型。列表和元组的索引是指其每个元素对应的位置编号，而字典的索引则是指字典中的_____。字典中的元素是（有序/无序）_____的。

3．字典的键具有_____性。同一个字典中_____（允许/不允许）出现相同的键，不同的键_____（允许/不允许）出现相同的值。

4．字典中的键必须是_____（可变/不可变）类型。元组_____（可以/不可以）作为字典中的键。

5．创建空字典的方法有两种：字典名=_____和字典名=_____。

6．字典中的键一旦创建就_____（能/不能）修改，只能_____。

7．在字典中修改指定键所对应的值或者新增值对，都可以通过表达式_____完成。

8．字典的_____方法可以获取字典中所有的键，_____方法可以获取字典中所有的值，_____方法可以获取字典中所有的键值对。

9．当字典的 clear()方法和 del 命令作用于字典本身时，区别是_____。

10．当成员运算符"in"和"not in"作用于字典时，判断的是_____是否在字典中。

11．字典是无序的，因此本身_____（有/没有）sort()方法。如果需要对字典进行排序，可使用_____函数。

12．集合中的元素放在一对_____中，元素的值_____（能/不能）重复，元素是_____（有序/无序）的。

三、实践内容

1．分析以下程序，在横线上填写相应的运行结果并回答问题。

```
>>>myDict={"汉堡":15, "鸡翅": 10, "薯条": 6}
>>>type {myDict}
_____
>>>myDict ["鸡翅"]
_____
>>>myDict ["汉堡"] = 15.5
>>>myDict
_____
>>>myDict ["奶茶"] = 12
>>>myDict
_____
>>>"鸡块" in myDict
```

```
>>>"鸡翅    in myDict
```

```
>>>myDict.pop("薯条")
```

```
>>>myDict
```

```
>>>myDict.get("鸡翅")
```

```
>>>myDict.get("鸡翅","抱歉,无此商品!")
```

```
>>>myDict.clear( )
>>>myDict
```

请思考。

（1）将本题中的 myDict["鸡翅"]改为 myDict[0]，会产生什么结果，为什么？

_____。

（2）试分析使用"字典名[键]"以及字典的 get()方法对字典进行查询有何不同。

_____。

（3）从字典中删除"薯条"所对应的元素还可以通过表达式_____来实现。

（4）如果希望删除字典对象 myDict，可通过表达式_____来实现。

2．分析以下程序，试回答问题。

程序 A：

```
myDict = {'a':97,'b':98,'c':99}
for k in myDict.keys( ):
    print(k, end ='    ')
```

程序 B：

```
myDict = {'a':97, 'b':98, 'c':99}
for v in myDict.values ():
    print(v, end='    ')
```

程序 C：

```
myDict = {'a':97, 'b':98, 'c':99}
for k, v in myDict.items():
    print(k + ': '+str (v), end = '    ')
```

请思考。

（1）程序 A 的输出结果为_____，程序 B 的输出结果为_____，程序 C 的输出结果为_____。

（2）将程序 C 中的 myDict.items()改为 myDict，运行结果是否受影响？

_____。

3．分析以下程序，在横线上填写运行结果。

```
>>>myDict = {"color": ["red", "green", "blue"],"shape": ["circle", "square", "triangle"], "pattern": ["dot", "line" ] }
>>>len (myDict)
```

```
>>>list (myDict.keys())
```
_____
```
>>>myDict["shape"]
```
_____
```
>>>myDict["pattern"][1]
```
_____
```
>>>myDict["color"][1:]
```
_____

4．分析以下程序，在横线上填写运行结果并回答问题。
```
>>>myDict={"color":{"red":12, "green":23, "blue":15},"shape":{"circle":18, "square":20, "triangle":12},
"pattern": {"dot":24,"line":26} }
>>>myDict["pattern" ]
```
_____
```
>>>myDict ["shape" ]["square"]
```
_____
```
>>>colorDict=myDict["color"]
>>>colorDict
```
_____
```
>>>sorted (colorDict)
```
_____
```
>>>sorted (colorDict.items() )
```
_____
```
>>>lst=[(v, k) for k, v in colorDict.items()]
>>>lst
```
_____
```
>>>lst.sort()
>>>lst
```
_____
```
>>>dict(lst)
```
_____

请思考。

（1）当使用 sorted()函数对字典进行排序时，默认根据字典的_____排序，结果为_____类型。字典本身_____（有/没有）发生变化。

（2）列表生成式[(v,k) for k, v in myDict.items()]的作用是_____。

（3）表达式 dict(lst)的作用是_____。

5．已知字典 myDict 中存放了所有参加期末考试的学生每门课程的分数，试补充程序，实现输出每门课程的平均分（保留一位小数）。
```
myDict={"语文":[85,89,76,88],"数学":[88,92,96],"英语":[98,90,95]}
for k, v in_____:
        s =_____
      length =_____
  print("{ }:{_____}". format(k, _____))
```
6．分析以下程序，在横线上填写运行结果。
```
>>>set1 = {1,2,3,4,5}
```

```
>>>set2 = {2,3,5,6}
>>>set1 & set2
```

_____

```
>>>set1 | set2
```

_____

```
>>>set1 ^ set2
```

_____

```
>>>set1 - set2
```

_____

```
>>>set2 - set1
```

_____

```
>>>set3 = {2,3,5}
>>>set1 >= set3
```

_____

```
>>>set2 < set3
```

_____

```
>>>set3.add ((7,8))
>>>set3
```

_____

```
>>>set3.remove(2)
>>>set3
```

_____

```
>>>set3.clear()
>>>set3
```

_____

7. 编写程序，实现以下功能。

（1）创建空字典 dic_student。

（2）由用户依次输入五名学生的姓名和年龄,存入字典 dic_student.

（3）输入字典 dic_student 中的内容，内容如附表 1-7 所示。

附表 1-7　字典 dic_student 中内容

姓名	年龄/岁
王建	18
张云	19
张秋雨	18
刘欢	17
江宇	19

8. 以下是某电商卖家在售产品价目一览表如附表 1-8 所示。试编写程序，实现以下功能。

（1）使用字典 myDict 存放附表 1-8 中的信息，产品名称作为键，价格作为值。

（2）输出所有在售产品的价目表，格式如下。

        方糖……… 9 元

        鸡蛋……… 49 元

　　魔盒·········39 元

　　曲奇·········29 元

（3）输出所有产品的平均价格。

（4）输出价格最高的产品名称。

附表 1-8　产品价目一览表

产品名称	价格/元
方糖	9
鸡蛋	49
魔盒	39
曲奇	29

【提示】如需按照价格进行排序，可使用列表生成式先将字典中每个元素的键和值交换。

9．编写程序，实现以下功能。

（1）创建空字典 dic_student。

（2）由用户一次录入五名学生的姓名、年龄、身高和体重信息，存入字典 dic_student，将姓名作为键，年龄、身高和体重作为值。

（3）输出字典 dic_student 的内容，格式如下。

　　王建　　18　172cm　80kg

　　张云　　19　165cm　55kg

　　张秋雨　18　178cm　82kg

　　刘欢　　17　169cm　75kg

　　姜宇　　19　170cm　70kg

【提示】值是可变的，因此年龄、身高和体重可考虑使用列表来表示。

10．编写程序，实现以下功能。

（1）创建空字典 dic_student。

（2）由用户一次录入五名学生的班级、姓名、年龄、身高和体重，存入字典 dic_student，将班级和姓名作为键，年龄、身高和体重作为值。

（3）输出字典 dic_student 的内容，格式如下。

　　一班　　王建　　18　172cm　80kg

　　一班　　张云　　19　165cm　55kg

　　二班　　张秋雨　18　178cm　82kg

　　二班　　刘欢　　17　169cm　75kg

　　二班　　姜宇　　19　170cm　70kg

【提示】

（1）键是不可变的，因此班级和姓名应考虑使用元组来表示。

（2）值是可变的，因此年龄、身高和体重可考虑使用列表来表示。

11．假设字典变量 dic_ountry 存储了部分国家的国家名与首都名的对应关系（附表 1-9），其中国家名为键，首都名为值。试编写程序，根据用户输入的国家名查询首都名，如果存在则输出查询结果，否则提示"未查询到该国家名！"。假设对国家名进行查询时不区分大小写。

附表 1-9　国家名与首都名

国家名	首都名
China	Beijing
America	Washington
Norway	Oslo
Japan	Tokyo
Germany	Berlin
Canada	Ottawa
France	Paris
Thailand	Bangkok

【提示】由于对用户输入的国家名不区分字母大小写，因此获取用户输入后，应通过字符串的相应方法将其转换为首字母大写、其余字母小写的格式，与字典中的国家名格式相对应，从而保证查询的准确性。

12．试编写程序，实现以下功能。

（1）创建一个字典，存放所有已注册用户的用户名和密码，内容如附表 1-10 所示。

附表 1-10　用户名和密码

用户名	密码
John	123
Marry	111
Tommy	123456

（2）提示用户输入用户名和密码。

（3）依次对用户名和密码进行判断，并给出相应的提示。

1）若用户名输入错误，则提示"用户名不正确！"。

2）若密码输入错误，则提示"密码不正确！"。

3）若用户名和密码均正确，则提示"登录成功！"。

13．年底了，某公司要发年终奖。列表 lst_staff 中存放了所有员工的名单，内容为["李梅","张富","付妍","赵诺","刘江"]。字典 dic_award 中存放了对公司有杰出贡献的员工名单及年终奖金额，内容为{"张富":10000,"赵诺":15000}。试编写程序，输出每位员工应发年终奖金额。

【提示】字典 dic_award 中未包含员工的年终奖金额为 5000 元。

14．假设已有字典变量 dic_score 存储了学生的成绩信息（附表 1-11），姓名为字典的键试编写程序，统计每名学生的平均成绩，并将其添加至字典，最后将字典内容输出。

附表 1-11　成绩信息

姓名	语文/分	数学/分	英语/分	计算机/分	平均分/分
徐丽	88	90	98	95	92.75

续表

姓名	语文/分	数学/分	英语/分	计算机/分	平均分/分
张兴	85	92	95	98	92.5
刘宁	89	89	90	92	90.0
张旭	82	86	89	90	86.75

15．编写程序，对用户输入的英文字符串中各字母出现的次数进行统计。

【提示】

（1）字符串的 isalpha()方法可用于判断一个字符是否是字母。

（2）假设字典为 myDict，则表达式 myDict.get('i',0)实现的功能如下。

1）当键'i'在字典 myDict 中存在时，返回其对应的值。

2）当键'i'在字典 myDict 中不存在时，返回 0。

（3）可通过表达式 myDict['i']=myDict.get('i', 0)+1 对字符串中出现的字母"i"计数。

16．已知字符串变量"s=Artificial Intelligence：From Beginning to Date covers a wide range of topics in artificial intelligence with three distinct features. Artificial Intelligence：From Beginning to Date is expected to be welcomed by readers.It is a comprehensive manual and practical guide for artificial intelligence research and development personnel to conduct research on related artificial intelligence projects. It is also a valuable reference for undergraduate and graduate students to learn artificial intelligence. " 存放的一段关于人工智能的话。试编写程序，实现以下功能：

（1）对文本中每个单词出现的次数进行统计，并将结果输出。

（2）输出出现次数排在前五名的单词。

【提示】

（1）在统计之前需要对文本进行预处理，如去除标点符号、统一大小写等。

（2）可通过字符串的 split()方法对文本中的单词进行提取，生成一个列表。

（3）遍历列表，对列表中的元素进行统计。统计结果存放在字典中，键表示单词，值表示次数。

17．编写程序，使用嵌套字典描述附表 1-12 食物表内容之间的映射关系，输出字典中每种颜色的食物数目，如紫色的食物有 3 个。

附表 1-12　食物表

蔬菜		水果		饮料	
品种	颜色	品种	颜色	品种	颜色
菠菜	绿色	山竹	紫色	椰子汁	白色
胡萝卜	橙色	香蕉	黄色	西瓜汁	红色
茄子	紫色	橘子	橙色	玉米汁	黄色
毛豆	绿色	草莓	红色	葡萄汁	紫色

18．假设字典 dic_house 存放了学生的成绩，内容为{"李刚":93,"陈静":78,"张金柱":88,"赵启山":91,"李鑫":65,"黄宁":83}。试编写程序，按成绩从高到低顺序输出学生姓名。

19. 假设字典 dic_house 存放了某小区在售二手房的房源信息（附表 1-13）。试编写程序，实现以下功能。

（1）找出挂牌价最低的三套房源，并输出相应的房源信息。

（2）找出人气最高的三套房源，并输出相应的房源信息。

附表 1-13　房源信息

房源编号	房型	面积/平方米	朝向	装修情况	挂牌价/（元/平方米）	关注人数
001	3 室 1 厅	68.69	南北	简装	37 124	35
002	2 室 1 厅	87.16	南西	精装	37 375	148
003	3 室 1 厅	61.72	南北	精装	37266	146
004	3 室 2 厅	68.18	南北	精装	68496	79
005	3 室 2 厅	71.67	南西	简装	33487	105
006	3 室 1 厅	84.78	南北	简装	51782	34

20. 某超市整理库存。假设字典 dic_repertory={"酱油":50"醋":60,"盐":100,"糖":120,"鸡精":20,"麻油":40}，储存了超市最初的商品数量。字典 dic_repertory={"酱油":50,"醋":60,"盐":100,"糖":80,"鸡精":50,"麻油":60}，储存了经过销售和进货等流程后发生变化的商品及其现有由数量。试编写程序，实现以下功能。

（1）对字典 dic_repertory 的内容更新。

（2）对更新后的字典 dic_repertory 按照商品数量进行降序排列。

（3）输出当前库存数量最多的和最少的商品信息。

21. 已知字符串 s= "Whether the weather be fine, or whether the weather be not. Whether the weather be cold, or whether the weather be hot. We will weather the weather whether we like it or not. "存放了一段英文绕口令。试编写程序，统计该字符串中英文单词的个数（不区分大小写且不能重复）。

【提示】

（1）统计前需要对字符串进行预处理，如除去标点符号、统一大小写等。

（2）对字符串中的单词进行提取，生成一个列表，使用 set()函数对列表元素进行去重操作。

22. 某高校举行运动会，需对参赛人数进行统计。试编写程序，实现以下功能。

（1）使用集合变量 set_highjump 和 set_longjump 分别存储参加跳高和跳远比赛的学生名单（附表 1-14）。

附表 1-14　项目表

序号	项目	姓名
1	跳高	李朋
2	跳高	王宇
3	跳高	张锁
4	跳高	刘松山

序号	项目	姓名
5	跳高	白旭
6	跳高	李晓亮
7	跳远	王宇
8	跳远	唐英
9	跳远	刘松山
10	跳远	白旭
11	跳远	刘小雨
12	跳远	宁成

（2）统计参加比赛的所有学生名单并输出。

（3）统计两项比赛都参加的学生名单并输出。

（4）统计仅参加跳高比赛的同学名单并输出。

（5）统计仅参加跳远比赛的同学名单并输出。

（6）统计仅参加一项比赛的学生名单并输出。

实践八　函　　数

一、实践目的

（1）理解函数的作用。

（2）掌握函数的定义方法。

（3）掌握函数的调用方法。

（4）了解函数形参和实参的区别。

（5）掌握具有默认值参数的函数定义及调用方法。

（6）掌握全局变量与局部变量在函数中的使用方法。

（7）掌握具有可变数量参数的函数定义及调用方法。

（8）了解参数按名称传递的函数定义及调用方法。

（9）理解 lambda()函数的适用场景，掌握 lambda()函数的使用方法。

（10）掌握递归函数的定义方法。

二、实践准备

1. 函数的概念。

（1）Python 程序设计中的函数是把输入经过一定的变化和_____之后得到预定的输出。

（2）在 Python 中，函数可以分为 4 类：_____、_____、_____和_____。

2. 函数定义的语法格式为

_____函数名（_____）:

　　　函数体

（1）_____是函数的唯一标识，要求符合_____的命名规则。

（2）函数头最后必须以_____结束。

（3）函数可以没有参数，但如果有多个参数，则参数之间用_____隔开。

（4）如果函数有返回值，则函数体内必须有_____语句。return 语句中，return 后面表达式的值即为该函数的返回值。

（5）在 Python 中，一个函数_____（可以/不可以）返回多个值。

3．函数的调用。

（1）函数调用的语法格式为_____。

（2）函数调用时，_____必须与函数定义时的形参列表_____对应。

（3）函数如果有返回值，则可以在_____中调用。

（4）函数如果没有返回值，则只能单独作为_____使用。

4．函数的参数。

（1）函数中的参数有两种，分别是形参和_____。

（2）_____是在运行程序时，实际传递给函数的数据。

（3）函数有三种方式将实参传递给形参：按_____传递参数、按_____传递参数和按_____传递参数。

5．默认参数值。

（1）在函数中，如果希望函数的一些参数是可选的，可以在定义函数时为这些参数指定_____值。调用该函数时，如果没有传入对应的实参值，则函数使用定义时指定的_____参数值。

（2）默认参数值必须写在形参列表的_____。

6．可变数量参数。

在定义函数时，通过带_____的参数，如"**param2"，允许向函数传递可变数量的参数。在调用函数时，这些可变参数被收集为一个_____。

7．全局变量与局部变量。

（1）在函数内部定义的变量，称为_____变量。

（2）在函数外部定义的变量，称为_____变量。

（3）在局部变量（包括形参）和全局变量同名的时候，_____变量屏蔽_____变量，简称"局部优先"。

8．lambda()函数是一种简便的、在_____定义函数的方法。lambda()函数实际上生成一个函数对象，即_____，它广泛用于需要函数对象作为参数或函数比较简单并且只使用一次的场合。

9．递归函数。

（1）在 Python 中，一个函数既可以调用另一个函数，也可以调用它自己。如果一个函数调用了_____就称为递归函数。

（2）每个递归函数必须包括两个主要部分：_____和_____。

10．运行下面的程序，写出结果。

```
import math
def distance(x1, y1, x2=0, y2=0):
```

```
        return math.sqrt((x1 -x2) ** 2 +(y1 -y2)**2)
d1=distance(3,4,1,1)
print(d1)
d2 = distance(3,4,1)
print(d2)
d3 = diatance(3,4)
print(d3)
```

三、实践内容

1．以下为输出流行歌曲《Nobody》的一段歌词（有修改）的代码。

```
print("I want nobody nobody but you")
print("I want nobody nobody but you")
print("How can I be with another")
print("I don"t want any other")
print("I want nobody nobody but you")
print("I want nobody nobody but you")
print("I want nobody nobody but you")
```

请将上述代码中的重复部分抽象（定义）成一个函数，并在主程序中调用该函数，以使代码更简洁。

【提示】代码中 print("I want nobody nobody but you")语句在开始部分重复了 2 次，在结尾部分却重复了 3 次，重复的次数发生了变化。所以这个抽象出来的函数应该有一个表示次数的参数，以决定该函数输出多少次"I want nobody nobody but you"。

2．编写 isOdd()函数，该函数有一个整数参数，如果为奇数，函数返回 Ture，否则返回 False。

3．微信朋友圈中曾传"手机尾号暴露你的年龄"，其规则如下：①取你手机号的最后一位；②把这个数字乘以 2；③然后加上 5；④再乘以 50；⑤把得到的数加上 1766；⑥用这个数减去你的出生年份，现在得到一个新的数字，该数字的最后两位就是你的实际年龄（本规则仅适用于年龄在 100 岁以内的人）。

【提示】编写一个函数，该函数有两个参数：一个参数为手机号最后一位；另一个参数为四位数的出生年份，如 1990。该函数最后返回按照上述规则计算出来的年龄。

4．编写一个程序，在主程序中求 1990—2020 年中所有的闰年，每行输出 5 个年份。闰年是能被 4 整除但不能被 100 整除或者能被 400 整除的年份。要求定义一个函数 isLeap()，该函数用来判断某年是否为闰年，是闰年则函数返回 True，否则返回 False。

【提示】

（1）可使用 print()函数的 end 参数实现不换行输出。

（2）如何控制一行输出 5 个数后再换行？可以定义一个变量 count，每输出一个数后 count 加 1，如果 count 能被 5 整除，则执行 print 语句换行。例如下列代码可将自然数 1～10 按每行 5 个分成两行输出。

```
count=0
for n in range(1,11):
    print(n,end=' ')
    count+=1
    if count%5==0:
        print()
```

5．编写一个函数，求一个正整数 n 的各位数字之和，并在主程序中测试该函数。

【提示】

方法一：

（1）使用 str()函数将该正整数 n 转换为字符串 s。

（2）遍历字符串 s，取出数字字符，并使用 int()函数将其转换为整数 m。

（3）每次遍历时，将整数 m 累加到变量 sum，循环结束后，将变量 sum 作为函数返回值，即得到正整数 n 的各位数字之和。

方法二：

（1）使用 str()函数将该正整数 n 转换成字符串 s。

（2）通过列表生成器[int(c) for c in s]得到正整数 n 的各位数字构成的整数列表 ls。

（3）通过 Python 的内置函数 sum()，求整数列表 ls 元素之和，即得到正整数 n 的各位数字之和。

方法三：

（1）使用 str()函数将该正整数 n 转换成字符串 s。

（2）使用 list(map(int,s))得到正整数 n 的各位数字构成的整数列表 ls。其中 map()函数为 Python 的内置函数，map(int,s)将 int()函数映射到字符串 s 中的每一个字符，也就是将每一个字符转换为整数，从而得到一个包含正整数 n 的各位数字的迭代器。

（3）通过 Python 的内置函数 sum()，求整数列表 ls 元素之和，即得到正整数 n 的各位数字之和。

6．求出所有符合下列条件的三位正整数：该三位正整数分别乘以 3、4、5、6、7 后得到的整数的各位数字之和都相等。

输出示例：

```
x=180：x*3=540,x*4=720,x*5=900,x*6=1080,x*7=1260
x=198：x*3=594,x*4=792,x*5=990,x*6=1188,x*7=1386
…
x=999：x*3=2997,x*4=3996,x*5=4995,x*6=5994,x*7=6993
```

【要求】编写一个函数，该函数返回某个正整数各位数字之和。程序的输出结果参照前述格式。

7．在主程序中输入一个整数 n，判断该数是否为完数。

【要求】定义一个函数，用来判断某个整数是否为完数，是完数则函数返回 1，否则返回 0，最后在主程序中测试该函数。

8．编写代码定义函数 $\sum_{i=1}^{n} i^m$，然后在主程序中求 $s = \sum_{k=1}^{100} k + \sum_{k=1}^{50} k^2 + \sum_{k=1}^{10} k \frac{1}{k}$。

9．求 s=a+aa+aaa+…a…aaa 的值，其中 a 是 1～9 之间的某个数字，而 a…aaa 的最大长度是 n。例如，当 a=2，n=5 时，s=2+22+222+222+22222=24690。

【要求】定义一个函数，该函数根据参数 a 和 n 的值返回表达式 a+aa+aaa+…+aa…aaa 的值，并在主程序中测试该函数。

【提示】

方法一：如果 item 表示当前项且为数值型，则下一项为 item×10+a。

方法二：利用字符串的乘法特性，如"2"×2 的值为"22"，"2"×3 的值为"222"。如果 a=2，则第二项为 int(str(a)*2)，第三项为 int(str(a)*3)，第四项为 int(str(a)*4)，第 n 项为 int(str(a)*n)。

10．编写一个函数，简单模拟微信发红包算法。函数有两个参数：一个参数表示红包总金额，默认值为100；另一个参数表示红包数量，默认值为15。所有随机产生的红包金额（保留两位小数）存放在一个列表（同时作为函数的返回值）中，单个红包金额最少为 0.01 元，所有红包金额之和应等于红包总金额。最后在主程序中测试该函数，要求对函数的默认值也进行测试，并回答以下问题。

（1）该算法单个红包最多为多少元？

（2）该算法产生的随机红包金额有什么特点？是否公平？

（3）假设剩余红包金额为 M，剩余份数为 N，如果将规则改为单个红包金额最少为 0.01 元，最多为 M/N×2 元，运行结果有什么变化？

（4）能否设计出更公平的发红包算法？

11．编写一个函数 isdif(n)，用来判断参数 n 的各位数字是否互不相同，若互不相同，则返回 1，否则返回 0，并在主程序中测试该函数。

【提示】

（1）可将 n 转换成字符串，然后在遍历字符串的过程中，使用字符串的 count()函数统计当前字符出现的次数，如果次数大于 1，则表示该字符串出现了重复的数字，此时遍历可以提前结束。

（2）提前退出循环使用 break 语句。

（3）coun()函数的用法实例："1223".count(2)的值为 2，表示字符串"1223"中字符"2"出现了两次。

测试数据如下。

请输入一个正整数：4052169

4052169 的各位数字互不相同

请输入一个正整数：4059169

4059169 中有重复数字

12．编写一个函数，接收一个列表作为参数，函数返回该列表中所有正数之和。最后在主程序中测试该函数。

13．编写一个函数，接收一个列表作为参数，如果某个元素在列表中出现了不止一次，则返回 True，不改变原列表的值。最后在主程序中测试该函数。

【提示】

方法一：使用列表的 count()函数，可以统计元素出现的次数。例如，ls=[1,2,1,3,3,4]，则 ls.count(1)=2，ls.count(2)=1。在遍历列表时，如果发现某个元素的统计次数大于 1，就说明该列表出现了重复元素，此时可以立即结束遍历。

方法二：利用集合类型的不重复性。将列表转换为集合，如果集合的元素个数小于原列表的元素个数，就说明该列表出现了重复元素。

14．将列表 a 中的数据线性转换成指定范围内的数据，并存放到列表 b 中。假设列表 a

中元素的最大值为 max_value，最小值为 min_value。当指定列表 b 中数据的取值范围为 [low,hight]时，将列表 a 中的元素 a[i]线性转换成列表 b 中的元素 b[i]，变换规则：

b[i]=low+(a[i]-min_value)*(hight-low)/(max_value-min_value)

【要求】

（1）定义函数 transfer(a,low,hight)，返回转换后的列表 b。列表 b 中的小数位数保留 4 位，可使用 round()函数进行四舍五入，如 round(0.1891891,4)的结果为 0.1892。

（2）在主程序中，可以产生一个包含 10 个随机整数的列表，如[random.randint(1,100)for i in range(10)]会产生 10 个在[1,100]之间的随机整数。

（3）在主程序中调用 tramfer()函数，输出原列表和转换后的列表。

测试数据如下。

列表 a：[98, 35,38, 100, 92, 99,45,94,100, 3]

转换后数据的下限和上限：0　1

转换后列表 b：[0.9794,0.3299,0.3608,1.0,0.9175,0.9897,0.433,0.9381,1.0,0.0]

15．输入一串字符作为密码，该密码只能由数字与字母组成。编写一个函数 judge(password) 用来求密码的强度等级，并在主程序中测试该函数。根据输入数据输出对应密码强度，密码强度判断准则如下（满足其中一条，密码强度增加一级）：有数字；有大写字母；有小写字母；位数不少于 8 位。

测试数据如下。

请输入测试密码：abc123

abc123 的密码强度为 2 级

请输入测试密码：Abc123

Abc123 的密码强度为 3 级

请输入测试密码：Abc12345

Abc12345 的密码强度为 4 级

【提示】判断 ch 表示的字符是否为数字，可以使用条件：'0'<=ch<='9'。

在本题中，如果密码包含了数字，则强度等级应该加 1，可以使用以下代码实现：

```
for ch in password:
    if  '0'<ch<'9':
        level+=1
        break
```

实践九　文　　件

一、实践目的

（1）了解文件的分类。

（2）掌握文件的打开模式。

（3）掌握文本文件的读/写方法。

（4）掌握 CSV 文件的读/写方法。

（5）理解异常的概念。

（6）熟悉异常处理的步骤。

（7）掌握文件操作异常处理的方法。

二、实践准备

1. 文件是一组相关数据的集合。组成文件的数据可以是_____编码，也可以是_____编码。

2. 完成附表 1-15 的填写。

附表 1-15　文件打开模式

模式	文件存在时 （读取/清空/保留）	文件不存在时 （错误/创建）	是否可读 （√/×）	是否可写 （√/×）
r	读取文件内容	错误	√	×
w	____文件内容			
a	____文件内容			
r+	____文件内容			
w+	____文件内容			
a+	____文件内容			

3. 文件的读/写操作。

（1）文件的_____函数用来读取文件中所有的内容，并返回一个字符串；_____函数用来读取文件中当前行的内容，并返回一个_____；_____函数用来读取文件中所有行的内容，并将每行的内容保存在一个_____中。

（2）文件的_____方法可以将指定的字符串参数原样写入文件，连续写入的不同字符串之间不会添加任何分隔符。

（3）与文件的 write()方法相比，文件的 writelines()方法可以以_____的形式接收多个字符串作为参数，一次性写入多个字符串。

（4）文件读/写操作结束后，应该及时使用_____函数将文件关闭。

（5）使用 csv 模块的_____方法，可以一次性将一行数据写入文件，且各数据项都使用英文_____分隔；使用 csv 模块的_____方法，可以一次性将所有数据写入文件。

4. 异常处理。

（1）Python 提供了_____子句来进行异常捕捉和处理。

（2）程序执行时，如果 try 子句中发生了指定的异常，则执行_____子句处理异常。

三、实践内容

1. 已知文件 data.txt 中存放了两个整数，内容如下。

　　12　　　34

现要求将文件中的这两个数读取出来后进行相加，并将计算结果保存至 out.txt 文件中。参考代码如下：

```
file = open("data.txt", "r")        #A 行
a, b = file.read().split()          #B 行
a, b = int(a), int(b)               #C 行
file.close()                        #D 行
c = a + b
with open("out.txt", "x")as out:    #E 行
    out.write(stc(c))   #F 行
```

请回答以下问题。

（1）A 行中的 "r" 代表什么含义？

（2）B 行中使用 split()函数的目的是什么？

（3）C 行中为什么要使用 int()函数将 a、b 转化为整型数据？

（4）D 行中的 close()函数有什么功能？

（5）E 行是打开文件的另一种方法，它与 A 行中文件的打开方式相比有什么优点？

（6）E 行中的 "w" 代表什么含义？

（7）F 行中的 str()函数能不能去掉？为什么？

2．有以下程序：

```
import math
try:
    a=int(input("直边长度："))
    b=int(input("斜边长度："))
    c_a=c/a
    print("斜边是直边的()倍",format(c_a))
    b= math. sqrt (c**2-a**2)
    print("另一条直边长为：",b)
    ls=[a,b,c]
    print(ls[3])
except ZeroDivision Error:
    print("除数不能为零")
except ValueError:
    print("斜边应大于直边")
except IndexError:
    print("列表索引号不存在")
```

请回答以下问题。

（1）ZeroDivisionError 表示什么异常？＿＿＿＿＿＿＿＿＿＿＿

本程序中哪条语句执行时可能产生 ZeroDivisionError 异常？＿＿＿＿＿＿＿＿＿＿＿＿

（2）假设本程序运行时 a、c 接收的数据均可正常转换为整数，哪条语句执行时可能产生 ValueError 异常？＿＿＿＿＿＿＿＿＿＿＿

（3）IndexError 表示什么异常？＿＿＿＿＿＿＿＿＿＿＿＿

本程序中哪条语句执行时产生了 IndexError 异常？＿＿＿＿＿＿＿＿＿＿＿＿

为什么会产生 IndexError 异常？＿＿＿＿＿＿＿＿＿＿＿

3．新建一个文本文件 yzy.txt，文件内容如下。

　　　　慈母手中线，游子身上衣。

临行密密缝，意恐迟迟归。

谁言寸草心，报得三春晖。

编写程序输出该文件的内容，要求使用一次性读取整个文件内容和逐行读取文件内容两种方式。

4．计算运动会某个参赛选手的得分，假设共有 10 个裁判，每个裁判给该参赛选手打分（分值在 0~10 之间）后，去掉一个最高分和一个最低分之后的平均分即为该参赛选手的最终得分。某位选手的得分数据保存在文件中，文件内容如下。

9.37　　9.52　　9.98　　10　　9.85　　9.73　　9.93　　9.76　　9.81　　9.08

各项数据之间使用一个空格分隔。请编写程序从文件中读取该选手的成绩并计算最终得分。

5．文件 a.txt 中每一行内容分别为购买的商品名称、价格、数量，求出购买商品花费的总费用。

Apple	10	3
Focus	100000	1
Surface	8000	2
Thinkpad	7000	3
Chicken	10	3

6．新建一个文本文件 score.csv，用来保存 10 名考生的考号以及 3 门课程的成绩，内容如下。

考号	程序设计	细胞生物	生理学
10153450101	72	96	88
10153450102	68	88	73
10153450103	63	63	66
10153450104	95	64	65
10153450105	89	88	57
10153450106	77	87	77
10153450107	67	64	97
10153450108	44	99	64
10153450109	82	73	75
10153450110	79	78	85

以上各数据项均使用英文逗号分隔，请编写程序读取文件内容，统计每门课程的平均分、最高分和最低分。

7．新建一个文本文件 zen.txt，文件内容如下。

Beautiful is better than ugly.

Explicit is better than implicit.

Simple is better than complex.

Complex is better than complicated.

编写程序统计该文件内容的行数及单词个数。

8．编写程序随机产生 100 个两位正整数，并将这 100 个两位正整数写入文本文件 number.txt 中，要求每行 10 个两位正整数，数据项之间用一个空格分隔。

9．新建一个文本文件 yzy.txt，编写程序将如下两行内容写入该文件中。

游子吟

唐代：孟郊

接着读取另外文件中的内容，追加到文件 yzy.txt 末尾，最后文件 yzy.txt 的内容应该如下。

游子吟

唐代：孟郊

慈母手中线，游子身上衣。

临行密密缝，意恐迟迟归。

谁言寸草心，报得三春晖。

【提示】文件 yzy.txt 的打开模式应为"a"或者"a+"。

10．文件 data.txt 中存放了若干个整数，各整数间使用英文逗号分隔。编写程序读取该文件中所有的整数，将其升序排列后保存至一个新的文件内。

11．文件 score.txt 中保存了学生的学号、平时成绩和期末成绩，内容如下。

学号	平时成绩	期末成绩
9999180101	77	88
9999180102	91	85
9999180103	87	96
9999180104	70	68
9999180105	86	72

编写程序读取所有的成绩，计算总评成绩（四舍五入到整数），其中总评成绩=平时成绩×40%+期末成绩×60%。最后按总评成绩降序排列后保存至一个新的文件内，文件内容如下。

学号，平时成绩，期末成绩，总评成绩

9999180103，87，96，92

9999180102，91，85，87

9999180101，77，88，84

9999180105，86，72，78

9999180104，70，68，69

附录二 案 例 集 锦

1. 编写代码求函数极限。

```
from sympy import*
x=symbols('x')
s=(1+x**3)/(2*x**3)
print("函数的极限为：",limit(s,x,oo))
```

程序运行结果如附图 2-1 所示。

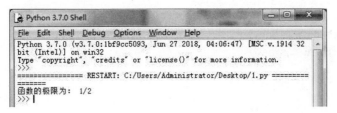

附图 2-1　运行结果

2. 编写代码求幂函数的导数。

```
from sympy import*
x=symbols('x')
mu=symbols('mu')
y=x**mu
init_printing()
print("幂函数的导数为：",diff(y,x))
```

程序运行结果如附图 2-2 所示。

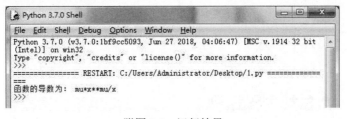

附图 2-2　运行结果

3. 编写代码画出正弦和余弦图形。

```
import numpy as np
import matplotlib.pyplot as plt
from pylab import *

mpl.rcParams['font.sans-serif']=['SimHei']
mpl.rcParams['axes.unicode_minus']=False

#正弦函数
```

```
x=np.linspace(-np.pi,np.pi,100)
y1=np.sin(x)
plt.figure(figsize=(6,5))
plt.subplot()

plt.title(u'正弦和余弦函数曲线图')

plt.xlim(-np.pi,np.pi)
plt.ylim(-1,1)
#设置关键刻度
plt.xticks([-np.pi,-np.pi/2.0,0,np.pi/2,np.pi])

cosx = np.cos(x)
tagx = np.tan(x)
plt.plot(x, y1,label=u'正弦函数')
plt.plot(x, cosx, label=u'余弦函数')

plt.legend()
plt.show()
```

程序运行结果如附图 2-3 所示。

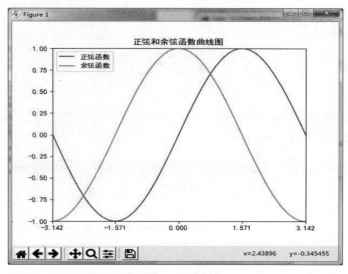

附图 2-3　运行结果

4．编写代码显示文件中的图像。

```
from matplotlib import pyplot as plt
from matplotlib.image import imread
img=imread("d:\\1.jpg")
print("图像尺寸是",img.shape)
plt.imshow(img)
plt.show()
```

程序运行结果如附图 2-4 所示。

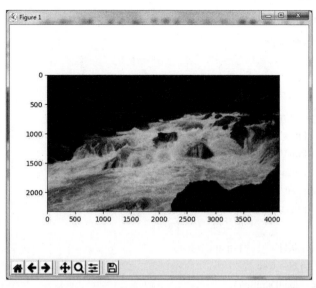

附图 2-4　运行结果

5. 编写代码绘制余弦图形并添加标题和标签。

```
import numpy as np
import matplotlib.pyplot as plt
x=np.arange(1.5,8,0.1)
y=np.cos(x)
plt.title('cos')
plt.xlabel('X')
plt.ylabel('Y')
plt.plot(x,y)
plt.show()
```

程序运行结果如附图 2-5 所示。

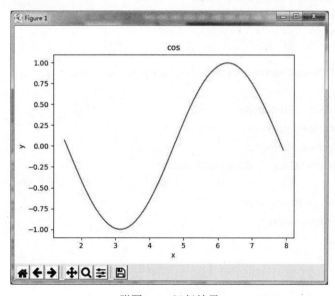

附图 2-5　运行结果

6. 编写代码实现贝叶斯分类。

```python
from numpy import zeros,array
from math import log

def loadDataSet():
    postingList=[['your','mobile','number','is','award','bonus','prize'],
                 ['new','car','and','house','for','my','parents'],
                 ['my','dalmation','is','so','cute','I','love','him'],
                 ['today','voda','number','prize', 'receive','award'],
                 ['get','new','job','in','company','how','to','get','that'],
                 ['free','prize','buy','winner','receive','cash']]

    classVec=[1,0,0,1,0,1]          #1-spam, 0-ham
    return postingList,classVec
postingList,classVec = loadDataSet()
def createVocabList(dataSet):
    vocabSet=set([])
    for document in dataSet:
        vocabSet=vocabSet|set(document)
    return list(vocabSet)
vocabSet = createVocabList(postingList)

def setOfWords2Vec(vocabSet,inputSet):
    returnVec=[0]*len(vocabSet)
    for word in inputSet:
        if word in vocabSet:
            returnVec[vocabSet.index(word)]=1
        else: print("the word: %s is not in my vocabulary!" %'word')
    return returnVec

trainMatrix = [setOfWords2Vec(vocabSet,inputSet) for inputSet in postingList]

def trainNB0(trainMatrix,trainCategory):
    numTrainDocs=len(trainMatrix)
    numWords=len(trainMatrix[0])
    pAbusive=sum(trainCategory)/float(numTrainDocs)

    p0Num=zeros(numWords) #ham
    p1Num=zeros(numWords) #spam
    p0Denom=0.0
    p1Denom=0.0

    for i in range(numTrainDocs):
```

```
        if trainCategory[i]==1:
            p1Num+=trainMatrix[i]
            p1Denom+=sum(trainMatrix[i])
        else:
            p0Num+=trainMatrix[i]
            p0Denom+=sum(trainMatrix[i])
    print(p1Num, p1Denom, p0Num,p0Denom )

    p1Vect=p1Num/p1Denom

    p0Vect=p0Num/p0Denom
    return p0Vect,p1Vect,pAbusive


p0Vect,p1Vect,pAbusive= trainNB0(trainMatrix,classVec)


def classifyNB(vec2Classify,p0Vec,p1Vec,pClass1):
    p1=sum(vec2Classify*p1Vec)+log(pClass1)
    p0=sum(vec2Classify*p0Vec)+log(1.0-pClass1)
    if p1>p0:
        return 'spam'
    else:
        return 'not spam'


testEntry=['love','my','job']
thisDoc=array(setOfWords2Vec(vocabSet,testEntry))
print(testEntry,'classified as:',classifyNB(thisDoc,p0Vect,p1Vect,pAbusive))
```

7. 编写代码实现 sigmoid 激活函数可视化。

```
mport matplotlib.pyplot as plt
plt.rc('font',family='Times New Roman',size=15)
def sigmoid(x):
    return 1./(1+np.exp(-x))
def plot_sigmoid():
    x=np.arange(-10,10,0.1)
    y=sigmoid(x)
    fig=plt.figure()
    ax=fig.add_subplot(111)
    ax.spines['top'].set_color('none')
    ax.spines['right'].set_color('none')
    ax.spines['left'].set_color('none')
    ax.plot(x,y,color="black",lw=3)
    #plt.xticks=(fontsize=7)
    #plt.yticks=(fontsize=15)
```

```
        plt.xlim([-10.05,10.05])
        plt.ylim([-0.02,1.02])
        plt.tight_layout()
        plt.show()
    plot_sigmoid()
```

附录三　Python 解释器安装

1．Python 解释器的安装及简单使用。请在自己的计算机上安装 Python 解释器（建议 3.7 版本或以上）。进入 Windows 命令行终端（cmd）或者 Linux 的终端（Terminal），熟悉终端下 Python 解释器的使用方法。

2．Visual Studio Code 的安装、配置及简单使用。Python 解释器安装成功后，请在自己的计算机上安装 Visual Studio Code 集成开发环境。操作过程及方法请参考官网。运行 Visual Studio Code，熟悉其使用方法。

3．Anaconda 的安装。官网下载地址：https://www.anaconda.com/distribution/。

4．第三方库安装及 IDLE 清屏问题。

（1）第三方库的安装。如在 Python3 中安装 Tensorflow 库，则需要在 C:\........\Scripts3 的路径下打开 cmd，执行 pip install tensorflow 命令即可。

（2）IDLE 清屏问题的解决。首先下载 clearwindow.py，将这个文件放在 Python X\Lib\ idlelib 目录下（X 为 Python 版本），然后在这个目录下找到 config-extensions.def 这个文件（IDLE 扩展的配置文件），以记事本的方式打开它（为防止出错，可以在打开它之前先备份）。

打开 config-extensions.def 文件后，在句末加上这样几句：

```
[ClearWindow]
enable=1
enable_editor=0
enable_shell=1
[ClearWindow_cfgBindings]
clear-window=<Control-Key-l>
```

然后保存退出即可。

打开 Python 的 IDLE，查看 options 是不是多了一个选项 clear shell window。

参 考 文 献

[1] 肖朝晖，李春生，李海强. Python 程序设计[M]. 北京：人民邮电出版社，2021.

[2] 赵璐. Python 程序设计教程[M]. 上海：上海交通大学出版社，2019.

[3] 嵩天，礼欣，黄无羽. Python 程序设计基础[M]. 北京：高等教育出版社，2017.

[4] 董付国. Python 程序设计[M]. 3 版. 北京：清华大学出版社，2020.

[5] 丁亚涛. Python 程序设计[M]. 北京：中国水利水电出版社，2018.

[6] 李治国，武春岭. Python 程序设计教程[M]. 北京：中国水利水电出版社，2018.